智能传

非线性动力学
信号特征提取及应用

李余兴 著

机械工业出版社
CHINA MACHINE PRESS

本书以非线性动力学理论为核心，深入探讨了其在信号特征提取领域的应用。本书详细阐述了非线性动力学的基本理论框架，回顾与探究了非线性动力学理论及其在信号特征提取领域的应用，内容涵盖了非线性动力学基本理论、特征提取方法、应用案例等方面，展示了这些指标在水声信号处理、故障诊断等多个领域中的实用价值。本书共8章：第1章为绪论，第2章为信号非线性动力学特征，第3章为基于新型散布熵的特征提取方法，第4章为基于新型斜率熵的特征提取方法，第5章为基于新型Lempel-Ziv复杂度特征的特征提取方法，第6章为基于新型分形维数的特征提取方法，第7章为基于多尺度处理的新型非线性动力学特征提取方法，第8章为基于新型非线性动力学特征与模态分解的信号特征提取方法。

本书内容全面且深入，适合作为信号处理、非线性动力学、数据分析、机械工程等领域科研人员和工程师的专业参考资料，也可作为从事非线性动力学研究的硕士生、博士生，以及高年级本科生的参考用书。

图书在版编目（CIP）数据

非线性动力学信号特征提取及应用/李余兴著.
北京：机械工业出版社，2025.4. --（智能传感技术丛书）. -- ISBN 978-7-111-77789-2

Ⅰ. TN911.6

中国国家版本馆 CIP 数据核字第 2025AG5024 号

机械工业出版社（北京市百万庄大街22号　邮政编码100037）
策划编辑：王　欢　　　　　　责任编辑：王　欢
责任校对：樊钟英　张　征　　封面设计：马精明
责任印制：郜　敏
北京富资园科技发展有限公司印刷
2025年4月第1版第1次印刷
169mm×239mm・11印张・215千字
标准书号：ISBN 978-7-111-77789-2
定价：89.00元

电话服务　　　　　　　　　网络服务
客服电话：010-88361066　　机　工　官　网：www.cmpbook.com
　　　　　010-88379833　　机　工　官　博：weibo.com/cmp1952
　　　　　010-68326294　　金　书　网：www.golden-book.com
封底无防伪标均为盗版　　机工教育服务网：www.cmpedu.com

前言

非线性动力学作为一门交叉学科，涉及数学、物理、化学、生物等多个领域，可用来刻画非线性系统中的动力学特性，特别是用来进行系统混沌程度、周期性与复杂度等特性的定量分析。随着学术研究的不断深化与拓展，非线性动力学在信号特征提取中展现出显著的应用潜力和价值。在实际工程应用中，受复杂环境、噪声等因素的干扰，信号通常呈现出非平稳、非线性等特性，传统信号特征提取方法难以解析非线性信号在时域、频域及时频域的特征信息，不能完全反映信号的内在特性。为了更好地应对这一挑战，国内外学者提出了一系列基于非线性动力学理论的特征提取方法，并在相关领域开展了实际工程应用研究，进一步推动了非线性动力学理论的发展，拓宽了其应用范围。本书针对非线性动力学理论展开回顾与研究，并采用理论与工程应用相结合的研究方法，致力于探索非线性动力学理论及其在信号特征提取中的应用。

本书共 8 章：第 1 章为绪论，主要论述非线性动力学理论的研究背景和意义，以及现阶段信号特征提取方法的研究现状。第 2 章为信号非线性动力学特征研究，主要介绍了 4 种非线性动力学特征的基本原理，包括李雅普诺夫指数、信息熵、Lempel-Ziv 复杂度和分形维数。第 3~6 章为基于新型非线性动力学特征的信号特征提取方法研究，主要阐述了一些新型非线性动力学特征的基本原理，包括新型散布熵、新型斜率熵、新型 Lempel-Ziv 复杂度和新型分形维数；并且，提出了基于新型非线性动力学特征的信号特征提取方法，还进行了仿真及实测信号实验。第 7 章为基于多尺度处理的新型非线性动力学特征提取方法研究，详细阐述了一系列新型多尺度处理技术，将其与新型非线性动力学特征相结合，提出了基于多尺度处理的新型非线性动力学特征提取方法，并通过仿真和实测实验加以验证。第 8 章为基于新型非线性动力学特征与模态分解的信号特征提取方法研究，主要将新型非线性动力学特征与模态分解算法相结合，进而提出了基于非线性动力学特征与模态分解的特征提取方法，并通过实测水声和机械信号实验验证了提出方法的有效性。

非线性动力学理论仍在持续发展中，新理论、新方法不断涌现。由于作者水平有限，书中难免有不足之处，恳请广大读者批评指正。

李余兴
2024 年 11 月

目 录

前言
第1章 绪论 ·· 1
  1.1 研究背景及意义 ··· 1
  1.2 非线性动力学理论研究现状 ··· 2
    1.2.1 信息熵的研究现状 ·· 2
    1.2.2 Lempel-Ziv 复杂度的研究现状 ·· 4
    1.2.3 分形维数的研究现状 ··· 5
  1.3 信号特征提取方法研究现状 ··· 6
    1.3.1 传统信号特征提取方法 ·· 6
    1.3.2 基于非线性动力学理论的特征提取方法 ······························· 10
  1.4 本书的主要内容及结构组成 ·· 11
第2章 信号非线性动力学特征 ·· 13
  2.1 李雅普诺夫指数 ··· 13
  2.2 信息熵 ··· 15
    2.2.1 样本熵 ·· 15
    2.2.2 模糊熵 ·· 16
    2.2.3 排列熵 ·· 17
  2.3 Lempel-Ziv 复杂度 ··· 18
  2.4 分形维数 ·· 18
    2.4.1 盒维数 ·· 19
    2.4.2 关联维数 ··· 19
    2.4.3 Katz 分形维数 ·· 21
    2.4.4 Higuchi 分形维数 ·· 21
  2.5 小结 ·· 22
第3章 基于新型散布熵的特征提取方法 ·· 24
  3.1 散布熵 ··· 24

3.2 新型散布熵 ·· 28
　3.2.1 波动散布熵 ·· 28
　3.2.2 逆向散布熵 ·· 30
　3.2.3 波动逆向散布熵 ···································· 30
　3.2.4 集合散布熵 ·· 32
　3.2.5 模糊散布熵 ·· 33
　3.2.6 分数阶模糊散布熵 ·································· 35
　3.2.7 简易编码散布熵 ···································· 37
3.3 新型散布熵仿真实验 ······································ 39
　3.3.1 调幅啁啾信号实验 ·································· 39
　3.3.2 MIX 信号实验 ······································ 41
　3.3.3 Logistic 模型实验 ································· 43
3.4 基于新型散布熵的舰船辐射噪声特征提取 ···················· 44
　3.4.1 特征提取方法 ······································ 44
　3.4.2 实测实验 ·· 45
3.5 小结 ·· 49

第4章 基于新型斜率熵的特征提取方法 ·························· 50
4.1 斜率熵 ·· 50
4.2 新型斜率熵 ·· 53
　4.2.1 单阈值斜率熵 ······································ 53
　4.2.2 分数阶斜率熵 ······································ 54
　4.2.3 优化斜率熵 ·· 56
4.3 新型斜率熵仿真实验 ······································ 58
　4.3.1 噪声信号分类实验 ·································· 59
　4.3.2 混沌信号分类实验 ·································· 60
4.4 新型斜率熵应用研究 ······································ 61
　4.4.1 特征提取方法 ······································ 61
　4.4.2 实测实验 ·· 62
4.5 小结 ·· 64

第5章 基于新型 Lempel-Ziv 复杂度特征的特征提取方法 ·········· 66
5.1 新型 Lempel-Ziv 复杂度 ·································· 66
　5.1.1 排列模式 Lempel-Ziv 复杂度 ························ 66
　5.1.2 散布 Lempel-Ziv 复杂度 ···························· 68

5.1.3 散布模式 Lempel-Ziv 复杂度 …… 70
5.2 新型 Lempel-Ziv 复杂度仿真实验 …… 72
  5.2.1 加噪周期信号实验 …… 73
  5.2.2 MIX 信号实验 …… 73
  5.2.3 Logistic 模型实验 …… 74
5.3 基于新型 Lempel-Ziv 复杂度的海洋环境噪声特征提取 …… 76
  5.3.1 特征提取方法 …… 76
  5.3.2 实测实验 …… 77
5.4 小结 …… 79

第 6 章 基于新型分形维数的特征提取方法 …… 81
6.1 新型分形维数 …… 81
  6.1.1 层次盒维数 …… 81
  6.1.2 散布 Higuchi 分形维数 …… 83
  6.1.3 优化散布 Higuchi 分形维数 …… 85
6.2 新型分形维数仿真实验 …… 87
  6.2.1 信号长度稳定性实验 …… 87
  6.2.2 噪声信号分类实验 …… 88
  6.2.3 混沌信号分类实验 …… 90
6.3 基于新型分形维数的特征提取 …… 91
  6.3.1 特征提取方法 …… 92
  6.3.2 东南大学齿轮数据 …… 92
6.4 小结 …… 95

第 7 章 基于多尺度处理的新型非线性动力学特征提取方法 …… 97
7.1 多尺度处理 …… 97
7.2 新型多尺度处理 …… 98
  7.2.1 精细复合多尺度处理 …… 98
  7.2.2 变步长多尺度处理 …… 98
  7.2.3 精细复合变步长多尺度处理 …… 99
7.3 新型多尺度非线性动力学特征仿真实验 …… 101
  7.3.1 新型多尺度散布熵仿真实验 …… 101
  7.3.2 新型多尺度斜率熵仿真实验 …… 102
  7.3.3 新型多尺度 Lempel-Ziv 复杂度仿真实验 …… 103
  7.3.4 新型多尺度分形维数仿真实验 …… 104

目录

- 7.4 新型多尺度非线性动力学特征应用研究 ········· 105
  - 7.4.1 新型多尺度散布熵实测实验 ········· 106
  - 7.4.2 新型多尺度斜率熵实测实验 ········· 108
  - 7.4.3 新型多尺度 Lempel-Ziv 复杂度实测实验 ········· 113
  - 7.4.4 新型多尺度分形维数实测实验 ········· 118
- 7.5 小结 ········· 122

第 8 章 基于新型非线性动力学特征与模态分解的信号特征提取方法 ········· 124

- 8.1 经验模态分解及其改进算法 ········· 124
  - 8.1.1 经验模态分解 ········· 124
  - 8.1.2 集合经验模态分解 ········· 125
  - 8.1.3 完全自适应噪声集合经验模态分解 ········· 126
- 8.2 变分模态分解及其改进算法 ········· 128
  - 8.2.1 变分模态分解 ········· 128
  - 8.2.2 连续变分模态分解 ········· 130
- 8.3 基于散布熵与变分模态分解的特征提取方法 ········· 131
  - 8.3.1 特征提取方法 ········· 131
  - 8.3.2 轴承信号数据 ········· 132
- 8.4 基于斜率熵与连续变分模态分解的特征提取方法 ········· 138
  - 8.4.1 特征提取方法 ········· 138
  - 8.4.2 舰船信号数据 ········· 139
- 8.5 基于 Lempel-Ziv 复杂度与集合经验模态分解的特征提取方法 ········· 145
  - 8.5.1 特征提取方法 ········· 145
  - 8.5.2 海洋环境噪声数据 ········· 146
- 8.6 基于分形维数与变分模态分解的特征提取方法 ········· 151
  - 8.6.1 特征提取方法 ········· 151
  - 8.6.2 齿轮信号数据 ········· 152
- 8.7 小结 ········· 157

参考文献 ········· 159

第1章 绪论

1.1 研究背景及意义

非线性动力学是研究非线性系统的行为和演化规律的学科,涉及混沌理论、分岔理论和复杂系统科学[1]。非线性动力学指标,作为混沌理论、分岔理论和复杂系统科学共同的研究部分,可以定量地反映系统的混沌程度、周期性、复杂性等,有利于对非线性系统进行更准确直观的分析。在现实世界中,非线性系统所产生的信号通常表现出非平稳、非线性和低信噪比等特性,因此,通过分析信号的非线性动力学指标,可评估信号的复杂程度,从而深入理解和揭示信号的动态变化[2]。常见的非线性动力学指标包括信息熵[3]、Lempel-Ziv 复杂度[4](Lempel-Ziv complexity,LZC)、李雅谱诺夫指数[5]、分形维数[6]等。

鉴于这些非线性动力学指标独特的优势,一些学者将非线性动力学指标应用于信号的特征提取,开展了基于非线性动力学指标的特征提取方法研究。例如,通过李雅普诺夫指数评估电池系统的混沌性,从而实现锂离子电池热故障诊断[7];利用精细复合多尺度波动散布熵表征脑电信号的无序程度,实现基于脑电信号的驾驶疲劳监测[8];使用 LZC 提取轴承信号的复杂度特征,从而实现轴承故障的精确分类[9];采用变步长多尺度分形维数衡量舰船信号的自相似性,成功识别不同类别的舰船信号[10]。综上所述,通过运用非线性动力学指标,能够更为精准地捕捉非线性信号中复杂的动力学特征。借助提取的非线性动力学特征,能够实现对微弱信号的精确检测、目标的准确识别、系统状态的实时监控以及故障的有效诊断,从而极大地拓展了其在机械、医学、水声等多个领域中的实际应用[11-12]。

1.2 非线性动力学理论研究现状

1.2.1 信息熵的研究现状

利用信息熵量化信号内在动力学变化，可有效揭示信号的复杂度信息，从而实现对信号的有效表征。信息熵的概念最早由 Shannon 提出[13]，用于量化信号的不规则性和不确定性，熵值越大，信号蕴含的信息量越大，不确定性越大，反之亦然。信息熵因其具有计算效率高、适用性强等优点备受广大学者青睐[14-16]。因此，各类信息熵算法也得到迅猛发展。近年来的信息熵及其改进算法主要分为两类：一类是传统的信息熵及其改进算法；另一类是基于不同多尺度处理的信息熵算法。

传统的信息熵算法包括，近似熵[17]（approximate entropy，AE）、样本熵[18]（sample entropy，SampEn）、模糊熵[19]（fuzzy entropy，FuE）和排列熵[20]（permutation entropy，PE）等。然而，这些传统的信息熵算法仍存在各种各样的缺陷。例如，近似熵的准确性过度依赖数据长度，在处理较短的数据时并不可靠；样本熵对噪声过于敏感导致熵值不稳定，并且只适合处理较长的数据；模糊熵虽然提高了熵值计算的稳定性，但其计算效率仍然很低；排列熵虽具有计算简单、抗噪声能力强的特点，但其未考虑幅值之间的大小关系。

为解决上述传统信息熵算法的局限性，Rostaghi 等人[21]在 2016 年提出散布熵（dispersion entropy，DE）。它克服了排列熵无法解释序列振幅平均值和振幅值间差异的缺陷，在计算效率、抗噪性方面优于排列熵与模糊熵。然而，散布熵仍然存在未考虑信号的波动信息，以及在符号化过程中会丢失信息的问题。为了提高散布熵对信号波动的感知能力，Azami 等人于 2018 年提出波动散布熵[22]（fluctuation-based dispersion entropy，FBDE）。该方法通过引入波动信息构造波动散布模式，实现对信号波动性的有效估计。2022 年 Rostaghi 等人提出了模糊散布熵[23]（fuzzy dispersion entropy，FuDE）。其中的模糊隶属度函数的引入使模糊散布熵在符号化过程中保留了更多有效信息，有效解决了散布熵存在信息丢失的缺点。尽管模糊散布熵在信息表征方面表现出色，但仍存在对动态信息变化不敏感的缺陷。同年，Azami 等人试图通过改进映射方法来扩大散布熵的实用性，提出了集合散布熵[24]（ensemble dispersion entropy，EDE）。它通过结合多种映射方法获得了更稳定的熵值。2023 年，Li 等人首次提出了简易编码散布熵（simplified coded dispersion entropy，SCDE）[25]。该方法先通过二次分区增加了模式类别数量，再对二次分区的分区准则进行了简化，有效提高了计算效率。

David Cuesta[26]在2019年提出的斜率熵（slope entropy，SloEn）同样也是一种对于排列熵的改进算法。它基于符号模式和幅度信息，通过统计输入时间序列中不同符号模式的相对频率，来实现对时间序列复杂度的度量，具有计算简单、可分性好等优点。2022年，Li等人提出了分数阶斜率熵[27]（fractional slope entropy，FrSloEn），通过分数阶微分以加权的形式考虑了熵值的整体信息。随后，Li等人在2023年提出了层次斜率熵（hierarchical slope entropy，HSloEn）[28]，利用层次分解对隐藏在低频和高频分量中的特征信息进行了分析，并成功将其应用于滚动轴承故障诊断。此外，为了进一步简化斜率熵的计算过程，并节省计算时间和内存需求，Kouka等人于2022年提出了单阈值斜率熵[29]（single threshold slope entropy，StSloEn），使用单阈值来划分符号模式。然而，无论是斜率熵还是单阈值斜率熵，其阈值的选取都会对熵值的计算造成很大的影响，从而影响信号的复杂度分析。因此，为了克服阈值选择问题，学者们采用智能优化算法对斜率熵的阈值进行了优化。Li等人将蛇优化器与斜率熵相结合，提出了优化斜率熵[30]（optimized slope entropy，OSloEn），并应用于舰船辐射噪声的特征提取，实现了舰船辐射噪声的精准分类。

上述的信息熵及其改进算法只能反映信号在单一时间尺度上所包含的状态信息。可能会遗漏其他尺度上的一些重要信息。Humeau-Heurtier等人[31]提出了一种量化信号复杂度的多尺度熵（multiscale entropy，MSE）。它利用粗粒化过程将时间信号划分为多个时间尺度。然而，随着尺度因子的增加，导致熵值变得不稳定。针对传统多尺度熵的缺点，Wu等人[32]进而提出了复合多尺度熵（composite multiscale entropy，CMSE），有效区分了不同类型的故障信号，克服了统计可靠性随时间尺度因子增加而降低的问题。2014年，Wu等人[33]提出了一种精细复合多尺度熵（refined composite multiscale entropy，RCMSE），进一步提高了复合多尺度熵的熵估计精度。然而，精细复合多尺度熵仍有一个缺点：当尺度因子较大时，粗粒化子序列的长度会明显缩短，进而会导致结果不准确。2023年，Li等人将变步长多尺度处理与单阈值斜率熵相结合，提出了变步长多尺度单阈值斜率熵[34]（variable-step multiscale single threshold slope entropy，VSM-StSloEn），丰富了尺度信息的全面表征，并且不再像传统多尺度处理那样受到信号长度的限制。随后，Li等人在变步长多尺度处理的基础上提出了精细复合变步长多尺度处理，并将其与多映射散布熵相结合提出了精细复合变步长多尺度多映射散布熵[35]（refined composite variable-step multiscale multimapping dispersion entropy，RCVMMDE），通过平均多类有效映射以获得更加稳定的熵值。综上所述，上述几种基于多尺度处理信息熵算法都能有效表征不同时间尺度下的复杂度信息，实现时间序列的全面而综合的分析，其中基于变步长多尺度处理以及精细复合变步长多尺度处理的信息熵算法更为有效。

1.2.2　Lempel-Ziv 复杂度的研究现状

与信息熵不同，LZC 是一种非概率的非线性动力学复杂度表征量[36]，通过二值化编码量化新模式出现的速率，实现信号无序程度的定量表征：信号的 LZC 值越大，表明信号的规则性越弱，复杂度越高。LZC 因其在量化动力学行为上具有易于计算且无须参数设置等优点，使 LZC 在各种信号分析任务中的应用更加简单和高效[37-39]。然而，LZC 的二值化映射方式只是将原始信号转换为简单的 0-1 符号序列，影响了其在信号分析与特征提取方面的性能。为了克服这一局限，近年来学者们致力于从两个方向对 LZC 进行改进：一是通过探索不同的二值化映射替换策略来优化其符号序列编码效果；二是利用多尺度与层次分析技术来增强 LZC 在复杂信号分析中的适应性。

在二值化映射改进方面，学者们提出了一系列 LZC 创新改进算法，以增强 LZC 对信号特征信息的表征能力。Xie 等人[40]在 2012 提出加权 LZC（weighted Lempel-Ziv complexity，WLZC），通过在 LZC 的二值化映射过程中引入加权信息，使得加权 LZC 对时间序列的动态变化更加敏感。为进一步优化 LZC 的映射方式，Bai 等人[41]提出排列 LZC（permutation Lempel-Ziv complexity，PLZC），利用元素间的排列模式代替二值化映射方式，考虑信号元素之间的相互关系量化了信号本身的变化，进而提高了符号序列对信号动态变化的表征能力。2020 年，Mao 等人[42]提出了散布 LZC（dispersion Lempel-Ziv complexity，DLZC），利用散布熵的正态累积分布函数与取整函数将信号映射为多种模式类别，有效表征出被测信号的幅值信息与固有特征，增强了 LZC 对噪声干扰的鲁棒性。此外，Li 等人[43]于 2022 年提出了波动散布 LZC（fluctuation-based dispersion Lempel-Ziv complexity，FDLZC），通过引入波动信息去除信号局部或全局趋势的影响，充分考虑了信号的波动性，进一步增强了散布 LZC 在信号分析与特征提取的稳定性。同年，Li 等人[44]将散布 LZC 与散布熵深度结合提出了散布模式 LZC（dispersion entropy-based Lempel-Ziv complexity，DELZC），一方面能够表征幅值差异信息，另一方面通过引入散布熵中的散布模式增强了获取特征信息的能力。上述算法均是对 LZC 的二值化映射方式进行改进，旨在通过增加序列中符号的类别数量，从而提高对信号特征信息的表征能力。

在多尺度与层次分析上的改进方面，Han 等人[45]利用层次分析有效挖掘出隐藏在低频和高频分量中的特征信息，进而提出了层次 LZC（hierarchical Lempel-Ziv complexity，HLZC），并成功将其应用于旋转机械的故障诊断中。Borowska[46]

结合多尺度分析与排列 LZC，进而提出了多尺度排列 LZC（multiscale permutation Lempel-Ziv complexity，MPLZC），利用粗粒化过程将时间序列划分为多个尺度，实现了脑电信号不同时间尺度下特征的精确提取，从而有效区分了焦点与非焦点脑电信号。Li 等人[47]提出了精细复合多尺度 LZC（refined composite multiscale Lempel-Ziv complexity，RCMLZC）。相比于传统多尺度复杂度，精细复合多尺度 LZC 具有更强的稳定性，能够精确识别旋转机械的各种故障类型。为克服传统多尺度稳定性受限于时间序列长度的缺陷，Su 等人[48]改进了传统多尺度中的粗粒化过程，并在 LZC 的基础上提出了变步长多尺度 LZC（variable-step multiscale Lempel-Ziv complexity，VSMLZC）。实验结果证明了变步长多尺度 LZC 其在轴承故障诊断中的可行性。以上改进算法均是将 LZC 与信号处理技术相结合，通过利用不同的处理技术将原序列分解为不同情况下的子序列，以此实现信号特征信息的全面提取的。

此外，还存在一些针对多通道时间序列上的改进。Wang 等人[49]提出了多元多尺度散布 LZC（multivariate multiscale dispersion Lempel-Ziv complexity，mvMDLZC），旨在实现现实世界中多传感器或多通道数据的有效处理，多元多尺度散布 LZC 通过将原始多通道时间序列变换为符号序列，能够精确地表征系统的动态信息，在处理小样本数据集与噪声干扰时具有显著的鲁棒性。以上 LZC 的改进算法从不同角度揭示了信号的复杂度信息，为复杂信号的分析与特征提取提供了新颖的思路与高效的工具。

1.2.3 分形维数的研究现状

分形理论，形成于 20 世纪 70 年代中期，是现代非线性理论的重要组成部分[50]。分形维数作为分形理论中的一个重要概念，可以定量描述非光滑、不规则、碎片化等物体的复杂程度，在信号分析中有着广泛的应用[51]。常见计算时间序列的分形维数包括盒维数[52]、关联维数[53]、Higuchi 分形维数[54]、Katz 分形维数等[55]。其中，Higuchi 分形维数和关联维数均需要进行相空间重构，且分形维数值都是通过计算对数拟合曲线的斜率值而获得的。盒维数和 Katz 分形维数则无须相空间重构，而是直接对原始时间序列进行处理。然而，这些分形维数在对时间序列分析时仅考虑了单一尺度下的复杂度信息，无法全面描述时间序列的复杂度。为此，众多学者结合多尺度处理，提出了一系列多尺度分形维数来提高传统分形维数表征时间序列复杂度的能力。

多尺度分形维数是指在传统分形维数的基础上，通过对原始时间序列进行多尺度处理（即对原始时间序列进行粗粒化），得到不同时间尺度的子序列，之后计算每个子序列的分形维数。2018 年，Chen 等人[56]将多尺度处理与信息维数结合，提出了多尺度信息维数，实现了时间序列信息的多维度表达，从而全面反映了原始时间序列的非线性和非平稳特性。2019 年，Yilmaz 等人[57]受多尺度样本熵的启发，提出了多尺度 Higuchi 分形维数，可准确识别 4 类随机时间序列与 3 类混沌时间序列。然而，随着尺度因子的增加，粗粒化后的子序列长度随之减小，进而影响了多尺度分形维数在短时间序列分析中的适用性。2023 年，Li 等人[58]将盒维数与精细复合多尺度处理结合，提出精细复合多尺度分形维数（refined composite multiscale fractal dimension，RCMFD），通过考虑时间序列初始点的变化，得到了包含更多有效信息的子序列，改善了传统多尺度分形维数在处理原始时间序列时因子序列长度减小导致信息丢失的问题。此外，在精细复合多尺度分形维数的基础上，通过引入层次分析技术，进一步提出了层次精细复合多尺度分形维数（hierarchical refined composite multiscale fractal dimension，HRCMFD）。它不仅从多个尺度反映了时间序列的复杂度，还考虑了时间序列的高频和低频分量信息，成功地表征了时间序列多个尺度下不同频段的复杂度信息。同年，Li 等人[10]将变步长多尺度处理与盒维数结合，提出了变步长多尺度分形维数（variable-step multiscale fractal dimension，VSMFD）。它通过考虑步长与初始点的变化，改善了传统多尺度分形维数在处理时间序列过程中导致子序列长度缩短的问题。与精细复合多尺度分形维数相比，它保留了更多有效信息。上述研究表明，精细复合多尺度处理、变步长多尺度处理和层次分析技术可分别从不同尺度、不同频段提高传统多尺度分形维数表征时间序列复杂度信息的能力。

1.3 信号特征提取方法研究现状

1.3.1 传统信号特征提取方法

为了实现复杂信号的精确识别检测，众学者从时域和频域的角度进行了分析与研究，主要采用的特征提取方法有时域分析方法、频域分析方法、时频联合分析方法。

1. 时域分析方法

时域分析方法通过观察信号在时间方面的变化来衡量信号的特征，具有直观、计算简单、多样性等优点。在特征方面，可以按照有无量纲分为有量纲特征和无量纲特征。所谓"量纲"，简单理解就是"单位"。有量纲特征就是有单位的，如最大值，一段噪声信号（单位为 dB）的最大值的单位依旧是 dB；无量纲特征常是两个有量纲量之积或比，但最终有量纲特征的单位互相消除后会得出无量纲特征。

有量纲特征往往具有直观的物理含义，是最为常用的特征指标。有量纲特征虽然对信号特征比较敏感，但也会因工作条件（如负载）的变化而变化，并极易受环境干扰的影响，具有表现不够稳定的缺陷。而无量纲特征能够减轻前面所提到的扰动因素的影响，因而被广泛应用于信号的特征提取的领域当中。

对于信号 $X=(x_i, i=1,2,3,\cdots,N)$，有量纲特征包括均值、方差、标准差、方根幅值、方均根值、峰值、最大值、最小值等[59-62]；无量纲特征包括波形因子、峰值因子、脉冲因子、裕度因子、峭度因子、偏斜度等[63-66]。表 1-1 给出了水声信号的常见时域特征。

表 1-1 水声信号的常见时域特征

有量纲特征		无量纲特征	
特征	表达式	特征	表达式
均值	$\mu = \dfrac{1}{N}\sum\limits_{i=1}^{N} x_i$	波形因子	$W = \dfrac{x_{\text{rms}}}{\mu}$
方差	$\sigma^2 = \dfrac{1}{N-1}\sum\limits_{i=1}^{N}(x_i-\mu)^2$	峰值因子	$C = \dfrac{x_{\text{p}}}{x_{\text{rms}}}$
标准差	$\sigma = \sqrt{\dfrac{1}{N-1}\sum\limits_{i=1}^{N}(x_i-\mu)^2}$	脉冲因子	$I = \dfrac{x_{\text{p}}}{\mu}$
方根幅值	$x_{\text{r}} = \left(\dfrac{1}{N}\sum\limits_{i=1}^{N}\sqrt{|x_i|}\right)^2$	裕度因子	$L = \dfrac{x_{\text{p}}}{x_{\text{r}}}$
方均根值	$x_{\text{rms}} = \sqrt{\dfrac{1}{N}\sum\limits_{i=1}^{N} x_i^2}$	峭度因子	$S = \dfrac{\sum\limits_{i=1}^{N}(x_i-\mu)^4}{(N-1)\sigma^4}$
峰值	$x_{\text{p}} = \max|x_i|$	偏斜度	$S = \dfrac{\sum\limits_{i=1}^{N}(x_i-\mu)^3}{(N-1)\sigma^3}$
最大值	$x_{\max} = \max(x_i)$	—	—
最小值	$x_{\min} = \min(x_i)$	—	—

均值是信号的平均，表示信号中直流分量的大小；方差代表信号的交流分量；标准差反应的是数据的离散程度；方均根值的公式是信号二次和的平均值的算术平方根，代表信号偏离均值程度，方根幅值是算术平方根的平均值的二次方。波形因子等于脉冲因子除以峰值因子；峰值因子是信号峰值与方均根值的比值，代表的是峰值在波形中的极端程度；脉冲因子是信号峰值与均值的比值；裕度因子是信号峰值与方根幅值的比值；峭度因子是表示波形平缓程度的，用于描述变量的分布；偏斜度表明信号分布相对于均值的不对称程度，正偏斜度表明分布的不对称尾部趋向于更多正值，负偏斜度表明分布的不对称尾部趋向于更多负值。

2. 频域分析方法

频域分析方法可使时域上的复杂波形变换为相对简单的频率分量分布，通过分析频谱图中的频率成分，实现信号在频域内丰富的特征信息表征。因此，频域分析方法已成为信号有效特征提取的重要手段。频域分析就是谱分析，通过谱分析得到信号的频率分布结构特征，从而实现信号频域上的特征提取。

频域分析法非常丰富，包括平均功率谱、包络谱、连续谱、线谱、倒频谱、DEMON谱、高阶谱等方法。1998年，吴国清等人[67]提取舰船辐射噪声的3种频域特征——线谱特征、双重谱和平均功率谱，并利用模糊神经网络实现了舰船辐射噪声的精确分类识别。同年，宋爱国和陆佶人[68]提出了一种提取功率谱中连续谱和线谱特征的新方法，并成功将其应用到被动声呐与振动信号的处理和分析中。2002年，曾庆军等[69]结合信号连续谱特征与自适应遗传BP神经网络设计了一种被动声呐目标识别系统，该系统的应用使不同海上噪声的分类达到了理想效果。史广智等人[70]采用多分辨率分析方法对舰船辐射噪声的频域特征进行了分析，完成了调制谱特征提取。Antoni[71,72]长期致力于谱峭度的研究，并将其成功应用于故障诊断领域，实现了在含噪情况下的早期故障检测。熊紫英和朱锡清[73]在舰船辐射噪声的LOFAR谱和DEMON谱分析的基础上提取了频率特性，为舰船的有效分类识别提供了参考。2011年，Sawalhi和Randall[74]采用倒频谱分析估计振动信号中双冲击成分之间的时间延迟，从而实现了轴承损伤尺寸的评估。2017年，白敬贤等人[75]运用改进的最大公约数算法和余数门限算法提取了舰船辐射噪声的DEMON谱中的轴频与叶频，提高了特征提取的精度。2019年，孙伟等人[76]利用最大相关峭度解卷积方法对故障信号进行降噪处理，后用自相关方法和广义Shannon熵对倒频谱分析进行改进，实现了故障特征频率的提取。

高阶谱分析是指大于二阶统计量的高阶累计谱，能够在一定程度上抑制高斯噪声，并更全面地描述信号特征。2008年，He等人[77]结合功率谱密度估计和高阶谱来提取水下辐射噪声特征，并通过对比其他方法验证了高阶谱在舰船辐射噪声特征提取的可行性。曾治丽等人[78]于 2011 年对舰船辐射噪声的高阶谱与倒谱特征提取进行了研究，并与传统功率谱进行对比，验证了高阶谱与倒频谱的优越性。鱼海涛等人[79]与周越等人[80]都提出了用切片谱作为水声信号的特征量，研究都显示出了良好的分类识别率。Berraih 等人[81]提出了一种基于心音图信号的高阶谱分析计算机辅助技术，可以利用心血管疾病或心脏疾病引起的异常心音信号进行诊断。赵蓉等人[82]利用高阶谱对高速列车车轮擦伤不同时的振动信号进行特征提取，并结合粒子群-支持向量机有效识别擦伤车轮并确定其擦伤等级。

3. 时频联合分析方法

按照随时间的变化特征，自然界中的信号可以分为平稳信号和非平稳信号。而现实中测量得到的信号往往呈现非线性和非平稳特性，采用各种时域或频域分析方法已不能完全描述信号的特征。为了进一步分析和处理非线性信号，众学者提出了新的信号处理方法——时频分析方法。其基本原理是从时域和频域两个角度同时对信号进行分析，从而能够准确、全面地反映信号的特征，实现对非平稳信号的有效分析。

时频分析方法对非平稳信号分析的优势已经引起很多应用领域的广泛关注，众学者提出了许多时频分析的方法。典型的时频分析方法包括短时傅里叶变换[83]、小波变换[84]、希尔伯特-黄变换[85]、经验模态分解[86]等，已在水声与故障诊断等领域得到了广泛的应用。1997 年，章新华等人[87]将小波变换与频谱分析法相结合，为水下辐射噪声的特征提取提供了有新的方案。然而小波变换对频段进行划分时，需要设定基函数，并且忽视了高频段频率的问题。2007 年，王峰等人[88]在希尔伯特变换的理论基础上，提出一种新型的特征提取方法，实验结果表明，该方法有效区分了不同类别的水声目标信号。2009 年，高英杰等人[89]提出一种利用液压泵出口压力信号信息进行故障诊断的方法，利用小波包算法提取液压泵特征信息，为液压泵的故障诊断提供依据。2021 年，Belaid 等人[90]利用连续小波变换和稀疏测度选择出信噪比最高的最佳频带，实现了 3 种齿轮健康状态的辨识。

经验模态分解是信号处理领域中分析非平稳和非线性信号的最通用的方法，然而，由于其存在的模式混叠和终端效应，极大地限制了特征提取的效果。随着经验模态分解理论的发展，改进的经验模态方法相应被提出并应用于非线性信号的特征提取中，如集合经验模态分解、互补集合经验模态分解、变分模态分解等。2015 年，李江乔等人[91]提出了一种基于改进经验模态分解与对称相关函数的舰船辐射噪声特征提取方法，并通过仿真和实测舰船辐射噪声的处理分析，验证了所提出方法的有效性。2017年，李余兴等人[92]采用集合经验模态分解对不同类别的舰船辐射噪声进行模态分解，提取了最强模态的中心频率，实现了不同类别舰船辐射噪声的有效区分。Wang等人[93]提出了一种经验模态分解流形算法，通过流形学习算法非线性地与自适应地融合包含不同噪声的故障模式，抑制了模式混合引起的分量和自包含噪声产生的残余噪声在内的故障无关分量，成功增强了故障诊断能力。孟明等人[94]采用多元变分模态分解对脑电信号进行分解，通过提取模态的多域特征，可有效区分不同类别脑电信号。综上所述，时频分析方法解决了传统时域或频域方法中存在的不足，改善了对非线性信号的特征提取的效果。

1.3.2　基于非线性动力学理论的特征提取方法

由于现实世界中所采集的信号通常呈现非平稳、非线性、低信噪比等特点，传统频域或时频域分析方法往往无法克服这些固有特性的限制，这在一定程度上限制了传统特征提取方法效果。因此，针对这些问题，需要研究新的特征提取方法来提高特征提取的效果。

随着非线性动力学理论的发展，一些基于非线性动力学特征的信号特征提取方法被提出，并在不同领域展现出良好的性能。在水声领域，付君宇等人[95]在深入研究熵的基础上，采用近似熵、样本熵和模糊熵作为水声信号的特征参数，并成功应用于水声信号的特征提取。该研究表明，近似熵和样本熵在特定水声信号的分类上存在一定局限性；模糊熵则能够清晰地识别4种不同类型的水声信号，并达到了98.55%的分类识别率。Ji等人[96]提出了一种基于LZC的海洋背景噪声特征提取方法，实验结果表明所提方法具有较好的可分性，分类精度可到达92.50%。在医学领域，Yang等人[97]以排列熵作为特征，结合机器学习方法对癫痫发作进行了检测，有效提高了癫痫病的检测精度。陈东伟[98]在LZC算法的基础上提出了一种基于非线性动力学理论的逐点LZC算法，并将其应用在情感脑电信号分析中，准确地描述了情感脑电信号的复杂结构和成分，刻画了情感脑电信号的非线性特性。Guo等人[99]通过采用多尺度最大李雅普诺夫指数对肌电信号进行了特征提取，实验结果表明所提方法可以对6种不同的手势进行识别，且具有较高的识别准确率。在机械领域，Wang等人[100]将多尺度多样性熵应用于轴承故障诊断，从不同尺度深入挖掘了信号中的故障信息，实现了对不同类型轴承故障的精确识别。Han等人[45]在LZC的基础上引入了层次的思想，实现了对轴承故障信息的有效提取，显著提升了故障分类的分类识别率。吴鹏飞和赵新龙[101]提出利用模糊熵和分形维数相结合的方法对滚动轴承信号进行特征提取。其实验结果充分验证了该方法在滚动轴承早期故障检测中的有效性。然而，以上基于非线性动力学的特征提取方法忽略了信号中不同频段的有效信息，特征提取效果有限。

近年来，部分学者提出了基于模态分解和非线性动力学特征的信号特征提取方法。该方法通过提取不同模态的非线性动力学特征，挖掘信号不同频段的细微差异，进一步提高了对信号的特征提取效果。在水声领域，Li 等人[102]提出了一种基于 k 近邻互信息变分模态分解和神经网络估计时间熵的舰船辐射噪声分类方法，并与其他基于模态分解和熵的特征提取方法进行比较。结果表明，该方法具有更好的分解效果和较高的分类识别率。Yang 等人[103]通过噪声自适应完备集合经验模态分解对舰船辐射噪声进行模态分解，并计算每个模态分量的波动散布熵作为特征。结果表明，相比于传统方法，该方法对舰船辐射噪声的特征提取更为精确。在机械领域，Gao 等人[104]通过完全噪声辅助集合经验模态分解对轴承信号进行模态分解，并以精细复合多尺度模糊熵作为模态的特征，可有效检测不同类别轴承故障。董玉兰[105]采用变分模态分解对轴承信号进行了分解，通过计算各模态分量的广义分形维数来构建广义分形维数矩阵，并将其作为故障诊断的特征量，进而实现了待测设备故障状态的有效识别。窦东阳和赵英凯[106]采用经验模态分解对轴承信号进行分解，通过计算最优模态分量及其包络的 LZC 值来构建 LZC 综合指标，实现了轴承损伤程度的有效识别。在医学领域，李营和吕兆承[107]采用集合经验模态分解算法，并对脑电信号进行模态分解，将近似熵和能量熵作为特征，用于不同类别癫痫脑电信号的识别，识别率可达到 98%。夏德玲等人[108]提出一种基于 LZC 和经验模态分解的癫痫脑电信号的特征提取方法。实测结果表明，该方法检测准确率可达到 95.25%，且在处理癫痫脑电信号时相较于基于 LZC 的方法展现了更高的诊断准确性，更适合于癫痫病的临床诊断与评估。因此，基于非线性动力学理论的特征提取方法在信号特征提取中表现出了显著的优势。

1.4 本书的主要内容及结构组成

本书的主要研究内容和结构组成如下：

第 1 章介绍了研究背景及意义，针对非线性动力学理论及信号特征提取技术，分析了当前国内外现状和发展趋势，并介绍了本书的主要研究内容及其结构。

第 2 章介绍了常见的非线性动力学特征，包括李雅谱诺夫指数、信息熵、LZC 和分形维数。

第 3 章研究基于新型散布熵的特征提取方法。首先详细介绍了各种新型散布熵的基本原理，包括波动散布熵、逆向散布熵、波动逆向散布熵、集合散布熵、模糊散布熵、分数阶模糊散布熵与简易编码散布熵。然后，通过各种仿真信号实验，检验了各种新型散布熵的动态检测能力。最后，提出了基于新型散布熵的特征提取方法，并将其应用于舰船辐射噪声的特征提取。实验结果也证明了所提出方法的优越性。

第 4 章研究基于新型斜率熵的特征提取方法。首先详细介绍了各种新型斜率熵的基本原理，包括单阈值斜率熵、分数阶斜率熵和优化斜率熵。然后，通过各种仿真信号实验，检验了各种新型斜率熵的信号区分能力。最后，提出了基于新型斜率熵的特征提取方法，并将其应用于舰船辐射噪声的特征提取。实验结果也证明了所提出方法的优越性。

第 5 章研究基于新型 LZC 的特征提取方法。首先详细介绍了各种新型 LZC 的基本原理，包括排列模式 LZC、散布 LZC 与散布模式 LZC。然后，通过各种仿真信号实验，检验了各种新型 LZC 的动态检测能力。最后，提出了基于 LZC 的特征提取方法，并将其应用于海洋环境噪声的特征提取。实验结果也证明了所提出方法的优越性。

第 6 章研究基于新型分形维数的特征提取方法。首先详细介绍了各种新型分形维数的基本原理，包括层次盒维数、散布 Higuchi 分形维数与优化散布 Higuchi 分形维数。然后，通过各种仿真信号实验，检验了各种新型分形维数的动态检测能力。最后，提出了基于新型分形维数的特征提取方法，并将其应用于齿轮信号的特征提取。实验结果也证明了所提出方法的优越性。

第 7 章研究基于多尺度处理的新型非线性动力学特征提取方法。首先详细介绍了一系列多尺度处理技术的改进算法，包括精细复合多尺度处理、变步长多尺度处理以及精细复合变步长多尺度处理。然后，为了验证新型多尺度处理改进算法的有效性，以散布熵、斜率熵、LZC 和分形维数为基础，分别进行多种改进多尺度处理，然后借助仿真信号和实测信号的特征提取实验对不同类型多尺度处理的性能进行了全面的对比。

第 8 章研究基于新型非线性动力学特征与模态分解的信号特征提取方法。首先详细介绍了一系列模态分解算法，包括经验模态分解及其改进算法、变分模态分解及连续变分模态分解。然后，在各种非线动力学特征的基础上，结合模态分解算法，提出了基于非线性动力学特征和模态分解的特征提取方法，并将其应用于机械和水声信号的特征提取中。实验结果也证明了所提出方法的优越性。

第2章 信号非线性动力学特征

2.1 李雅普诺夫指数

李雅普诺夫指数[5]能够定量地表示状态的稳定性,并反映在不断迭代过程中,表示迭代过程中的两相邻点是靠近还是远离。李雅普诺夫指数定义如下:

对于离散映射,即

$$x_{n+1} = F(x_n) \tag{2-1}$$

在每次迭代过程中,初始两点是靠近还是远离由 $|dF/dx|$(即 $|F'|$)的大小决定。若 $|dF/dx|$ 大于 1,映射使两点相互分离;若 $|dF/dx|$ 小于 1,映射使两点靠近。在不断迭代过程中,$|F'|$ 的值不断变化。为了得到两相邻初始状态的整体情况,需对迭代次数取平均。设平均每次迭代所引起的指数分离中的指数为 λ。

初始相距为 ε 的两点经过 n 次迭代后距离为

$$\varepsilon e^{n\lambda(x_0)} = F^n(x_0 + \varepsilon) - F^n(x_0) \tag{2-2}$$

对式(2-2)取极限,可得

$$\lambda(x_0) = \lim_{n \to \infty} \lim_{\varepsilon \to 0} \frac{1}{n} \ln \left| \frac{F^n(x_0 + \varepsilon) - F^n(x_0)}{\varepsilon} \right| = \lim_{n \to \infty} \frac{1}{n} \ln \left| \frac{dF^n(x)}{dx} \right|_{x = x_0} \tag{2-3}$$

对式(2-3)取极限后,取结果与初始点无关,进一步可得

$$\lambda = \lim_{n \to \infty} \frac{1}{n} \sum_{n=0}^{n-1} \ln \left| \frac{dF(x)}{dx} \right|_{x = x_i} \tag{2-4}$$

式中,λ 为李雅普诺夫指数,代表在迭代次数中,平均每次迭代所引起的指数分离中的指数。当 $\lambda > 0$ 时,相邻点相互分离,对应混沌运动;当 $\lambda < 0$ 时,相邻点相互靠近,对应周期运动或不动点;当 $\lambda = 0$ 时,表示沿轨迹的切线方向既无扩张又无收缩的趋势。

李雅普诺夫指数的正负可决定信号是否为非线性信号，当李雅普诺夫指数为正数时信号为非线性信号。现实中的信号大多为非线性信号。对于非线性信号，它们的最大李雅普诺夫数必然是正数，所以在决定系统性质的李雅普诺夫指数中，最重要的是最大李雅普诺夫指数。

对于时间序列，其最大李雅普诺夫指数计算方法如下：

（1）对时间序列进行相空间重构，选取相空间中两靠近的初始状态和，经过不断迭代，得到其分别的状态为 $x(x_1,x_2,\cdots)$ 和 $y(y_1,y_2,\cdots)$，所构成的轨迹之间的位移为

$$v(t) = y(t) - x(t) \tag{2-5}$$

位移与时间的关系为

$$d\boldsymbol{v}/dt = \boldsymbol{L}\boldsymbol{v} \tag{2-6}$$

式中，$\boldsymbol{L}$ 为李雅普诺夫矩阵。

两状态相距的距离可表示为

$$d(t) = \|v(t)\| \tag{2-7}$$

（2）由于 d 随时间以指数形式增加，计算时容易溢出。所以，为了避免计算溢出，得到各时刻两状态的间距，假设时间间隔为 τ 的第 n 时刻两状态分别为 $x(n\tau)$ 和 $y(n\tau)$，其间距为

$$d_n(t) = \|v(n\tau)\| = \|y(n\tau) - x(n\tau)\| \tag{2-8}$$

第 $n+1$ 时刻两状态分别为

$$x[(n+1)\tau] = T^\tau x(n\tau) \tag{2-9}$$

$$y[(n+1)\tau] = T^\tau y(n\tau) \tag{2-10}$$

式中，T^τ 为第 n 时刻到第 $n+1$ 时刻运动引发的映射。

所以，第 $n+1$ 时刻两状态间距为

$$d_{n+1}(t) = \|T^\tau y(n\tau) - T^\tau x(n\tau)\| \tag{2-11}$$

选取新的计算起点 $y'[(n+1)\tau]$ 代替 $y[(n+1)\tau]$，$y'[(n+1)\tau]$ 在 $y[(n+1)\tau]$ 与 $x[(n+1)\tau]$ 的连线上，与 $x[(n+1)\tau]$ 相距初始距离 d_0。以此类推得到一系列距离 $d_1,d_2,\cdots$。选取适当的时间间隔 τ 可求得最大李雅普诺夫指数 $\lambda_{\max}$ 为

$$\lambda_{\max} = \lim_{n\to\infty} \frac{1}{n\tau} \sum_{i=0}^{n} \ln \frac{d_i}{d_0} \tag{2-12}$$

2.2 信息熵

信息熵是一种可以用来衡量给定信号不规则性和不确定性的方法,相比于传统的时频域特征,信息熵更适用于非线性微弱信号的特征提取。本章对一系列信息熵进行了详细介绍,包含样本熵、模糊熵与排列熵。

2.2.1 样本熵

样本熵[18]是用于量化序列自相似性的一种算法。样本熵的值越大,序列自我相似性越高,样本序列就越复杂。样本熵的具体计算步骤如下:

(1) 对于一个序列 $X = \{x_i, i=1,2,3,\cdots,N\}$,根据嵌入维数 m 将序列 X 分成 $N-m+1$ 个子序列 X_i^m,即

$$X_i^m = \{x_i, x_{i+1}, \cdots x_{i+m-1}\} \quad i=1,2,3,\cdots,N-m+1 \tag{2-13}$$

这些子序列代表了从第 i 点开始的 m 个连续的 x_i 值。其中 m 通常取 1 或者 2,且取 $m=2$ 更为多见。

(2) 计算每个序列与其他 $N-m$ 个子序列的距离 d_{ij},即两子序列对应元素差值绝对值的最大值,其公式定义为

$$d_{ij} = \max\{|X_i^m - X_j^m|\} \tag{2-14}$$

(3) 对于给定的 X_i^m,统计 X_i^m 与 X_j^m 之间距离小于等于 r 的 j ($1 \leq j \leq N-m$, $j \neq i$) 的数目,记为 A_i,并将近似数量与总数量的比值记为 $A_i^{m,r}$,即

$$A_i^{m,r} = \frac{A_i}{N-m-1} \tag{2-15}$$

式中,r 为相似容限阈值。

当 r 的值较大时,会丢失较多的信息;当 r 的值较小时,会导致结果无法有效反映系统的统计特性。通常,r 的取值区间为 $[0.1 \times \text{std}(X), 0.25 \times \text{std}(X)]$。其中,$\text{std}(X)$ 为序列 X 的标准差。

(4) 定义 $A^m(X, r)$ 为

$$A^m(X, r) = \frac{1}{N-m} \sum_{i=1}^{N-m} A_i^{m,r} \tag{2-16}$$

(5) 将嵌入维数设置为 $m+1$,并重复以上步骤,得到 $A^{m+1}(X, r)$。

(6) 计算时间序列 X 的样本熵 SampEn,即

$$\mathrm{SampEn}(X,m,\tau) = -\ln\left(\frac{A^{m+1}(X,r)}{A^m(X,r)}\right) \tag{2-17}$$

2.2.2 模糊熵

模糊熵[19]的计算方法与样本熵相类似，是样本熵的一种改进算法，其在样本熵的基础上通过引入一种指数函数——模糊隶属度函数，避免了样本熵值的突变问题，使模糊熵的变化稳定、连续。其具体计算步骤如下：

（1）对于一个序列 $X = \{x_i, i = 1, 2, 3, \cdots, N\}$，首先通过嵌入维数 m，将序列 X 分成 $\kappa = N - m + 1$ 个子序列 X_i^m，即

$$X_i^m = \{x_i, x_{i+1}, \cdots x_{i+m-1}\} - x0_i \quad i = 1, 2, 3, \cdots, N - m + 1 \tag{2-18}$$

$$x0_i = \sum_{j=0}^{m-1} \frac{x_{i+j}}{m} \tag{2-19}$$

式中，$x0_i$ 为 m 个连续的均值。

（2）计算每个序列与其他 $k-1$ 个子序列的距离 d_{ij}，即两子序列对应元素差值绝对值的最大值。其公式定义为

$$d_{ij} = \max\{|X_i^m - X_j^m|\} \tag{2-20}$$

（3）在样本熵的计算过程中，距离 d_{ij} 在阈值内则计为1，否则计为0。模糊熵则是使用模糊隶属度来对 X_i^m 和 X_j^m 的相似度 D_{ij} 进行度量，其公式为

$$D_{ij} = e^{-\frac{d_{ij}^n}{r}} \tag{2-21}$$

式中，n 为模糊能量；r 为相似容限。其中，模糊能量决定了相似容限边界的梯度，越大则梯度越大。建议计算时模糊能量取较小的整数值，如2或3等。相似容限的定义与样本熵相同。

（4）对除自身以外的所有隶属度求平均值，即

$$\phi^m(X,n,r) = \frac{1}{N-m} \sum_{i=1}^{N-m} \frac{1}{N-m-1} \sum_{j=1, j \neq i}^{N-m} D_{ij} \tag{2-22}$$

（5）将嵌入维数设置为 $m+1$，并重复以上步骤，得到 $m+1$ 时的隶属度平均值 $\phi^{m+1}(X,n,r)$。

（6）计算时间序列 X 的模糊熵 $\mathrm{FuzEn}(X,m,n,\tau)$，即

$$\mathrm{FuzEn}(X,m,n,\tau) = -\ln\left(\frac{\phi^{m+1}(X,n,r)}{\phi^m(X,n,r)}\right) \tag{2-23}$$

2.2.3 排列熵

排列熵[20]的基本思想是时间序列的顺序关系，而不是直接使用时间序列的实际数值，所以该方法具有抗噪鲁棒性强等优点。排列熵的具体计算步骤如下：

（1）对于一个给定的时间序列 $X=\{x_i, i=1,2,3,\cdots,N\}$，对其进行相空间重构，获得由多个子序列构成的相空间，即

$$\begin{bmatrix} x_1 & x_{1+\tau} & \cdots & x_{1+(m-1)\tau} \\ x_2 & x_{2+\tau} & \cdots & x_{2+(m-1)\tau} \\ \vdots & \vdots & & \vdots \\ x_{N-(m-1)\tau} & x_{N-m\tau} & \cdots & x_N \end{bmatrix} \quad (2-24)$$

式中，m 为嵌入维数；τ 为时间延迟。得到的相空间的第一行就是从序列 X 的第一个元素开始，第二行从第二个元素开始。由于共有 N 个元素，所以相空间一共有 $N-(m-1)\tau$ 行，即 $N-(m-1)\tau$ 个子序列。

（2）针对每一个子序列，根据当前子序列中各个元素的大小进行赋值，最小的置为 1，最大的置为 m，如果有值相等则前面的元素小于后者。这样可以对原始的每一个子序列进行转换，得到一个由 $1\sim m$ 的整数所组成的新序列，而每一个子序列也都对应着一个排列模式 π_t，总共有 $m!$（m 的阶乘）类。

（3）统计每一类排列模式的出现次数，计算该排列模式的概率，即

$$P(\pi_t) = \frac{\text{Number}\{\pi_t\}}{N-(m-1)\tau} \quad t \leqslant m! \quad (2-25)$$

式中，$\text{Number}\{\pi_t\}$ 为排列模式出现的次数。

（4）根据步骤（3）得到的排列模式，计算排列熵值，即

$$\text{PE}(X,m,\tau) = -\sum_{a=1}^{m!} P(\pi_a)\ln(P(\pi_a)) \quad (2-26)$$

式中，$\text{PE}(X,m,\tau)$ 为排列熵值。

（5）为了避免时间序列长度对熵值的影响，需要对计算得到的排列熵值进行归一化处理，归一化排列熵为

$$\text{NPE}(X,m,\tau) = \text{PE}(X,m,c,\tau)/\ln(m!) \quad (2-27)$$

2.3 Lempel-Ziv 复杂度

LZC[36]作为另一种重要的非线性动力学分析方法，通过二值化对时间序列进行映射，并统计序列新模式出现的速率，进而反映时间序列的复杂程度。其具有易于计算且不需要参数设置等优点。LZC 的计算步骤如下：

（1）对于一段长度为 N 的时间序列 $X = \{x_i, i = 1,2,3,\cdots,N\}$，将原始序列转换为二进制序列，即

$$y_i = \begin{cases} 0 & \text{当} x_i < \bar{x} \\ 1 & \text{当} x_i \geq \bar{x} \end{cases} \tag{2-28}$$

式中，$\bar{x}$ 为原始序列的均值。

（2）将临时字符变量 S 和 Q 初始化为 $S = \{y_1\}$，$Q = \{\}$，当前复杂度 $cv = 1$。接着将集合 S 和 Q 合并到字符串 SQ。SQ_v 表示删除最后一个字符得到的子串。判断 Q 是否属于字符串 SQ_v，若是则说明当前并未出现新模式，复杂度不变，通过添加下一个字符来更新 Q；若否则说明出现了新模式，复杂度值加 1，清空字符串。重复此步骤直至遍历序列中所有字符，得到序列的复杂度。

（3）上述计算过程获得的复杂度与序列长度有关。为了得到不依赖样本大小的指标，进一步对复杂度进行归一化，即

$$\text{LZC} = \frac{cv}{C_{\text{UL}}} \tag{2-29}$$

$$C_{\text{UL}} = \lim_{N \to \infty} cv \approx \frac{N}{\log_k N} \tag{2-30}$$

式中，k 为序列中的元素个数。对于二进制序列，$k=2$。如式（2-29）和式（2-30）得到的归一化 LZC 具有上下限（在 $N \geq 3600$ 的情况下成立），更方便用于时间序列的定量评估。不同长度的随机数据在基于高斯分布的情况下，随着数据长度的增加，归一化复杂度接近 1。当 $N \geq 3600$ 时，复杂度低于 1.05，和上限 1 非常接近。

2.4 分形维数

分形维数也是一类常见的非线性动力学特征，通过量化信号的复杂性和不规则性，实现信号复杂度的全面表征。本章对一系列分形维数进行了详细介绍，包括盒维数、关联维数、Katz 分形维数与 Higuchi 分形维数。

2.4.1 盒维数

盒维数（box fractal dimension，BFD）[52]是应用最广泛的维数之一。与其他维数相同，盒维数可以表征时间序列的复杂程度，且具有计算简单的优点。其具体计算过程如下所示：

（1）对于一个时间序列 $X=\{x_i,i=1,2,\cdots,N\}$，用尽可能小的边长 σ 的网格去覆盖它。$N(\sigma)$ 表示被 σ 覆盖的网格数量。将 σ 放大 r 倍，网格的边长扩大为 $r\sigma$，$N(r\sigma)$ 表示被 $r\sigma$ 覆盖的网格数量。其具体的计算公式为

$$p(r\sigma)_{\max} = \max\{x_{r(j-1)+1}, x_{r(j-1)+2}, \cdots, x_{r(j-1)+r+1}\} \tag{2-31}$$

$$p(r\sigma)_{\min} = \min\{x_{r(j-1)+1}, x_{r(j-1)+2}, \cdots, x_{r(j-1)+r+1}\} \tag{2-32}$$

$$p(r\sigma) = \sum_{j=1}^{\frac{n}{r}} |p(r\sigma)_{\max} - p(r\sigma)_{\min}| \tag{2-33}$$

$$N(r\sigma) = \frac{p(r\sigma)}{r\sigma} + 1 \tag{2-34}$$

式中，$j=1,2,\cdots,\frac{N}{r}$；$r=1,2,\cdots,r_{\max}$，$r_{\max}<N$。

（2）在对数坐标系中，选择线性度好的拟合曲线 $\lg(r\sigma) \sim \lg N(r\sigma)$ 作为无标度区域，拟合曲线可以被定义为

$$\lg N(r\sigma) = a\lg(r\sigma) + b \tag{2-35}$$

式中，$r_1 \leq r \leq r_2$，r_1 和 r_2 分别为无标度区域的起点和终点；a 为拟合后曲线的斜率；b 为拟合后曲线在纵轴上的截距。

（3）最终，引入最小二乘法来计算拟合曲线的斜率 a。斜率 a 的相反数是盒维数的值 BFD（X），可表示为

$$\text{BFD}(X) = -\frac{(r_2-r_1+1)\sum \lg r\lg N(r\sigma) - \sum \lg r \sum \lg N(r\sigma)}{(r_2-r_1+1)\sum(\lg r)^2 - (\sum \lg r)^2} \tag{2-36}$$

2.4.2 关联维数

关联维数（correlation dimension，CD）[53]是一种衡量时间序列数据中各点之间相关程度的度量方法。这种方法基于点与点之间的关联性进行分析，能够揭

示数据序列中不同点之间相关程度。其计算步骤如下:

(1) 对一个时间序列 $X = \{x_i, i = 1, 2, \cdots, n\}$ 进行相空间重构得到矩阵为

$$\begin{bmatrix} X_1 \\ X_2 \\ \vdots \\ X_N \end{bmatrix} = \begin{bmatrix} x_1 & x_{1+\tau} & \cdots & x_{1+(m-1)\tau} \\ x_2 & x_{2+\tau} & \cdots & x_{2+(m-1)\tau} \\ \vdots & \vdots & & \vdots \\ x_{N-(m-1)\tau} & x_{N-m\tau} & \cdots & x_N \end{bmatrix} \tag{2-37}$$

式中,m 为嵌入维数;τ 为时间延迟;N 为重构相空间中的向量个数,$N = n - (m-1)\tau$。

(2) 从 N 个向量中选取任意一向量 X_i 作为参考点,计算剩余 $N-1$ 个向量到该向量的距离为

$$r_{ij} = d(X_i, X_j) = \sqrt{\left[\sum_{i=j=0}^{N-1}(x_{i+1} - x_{j+1})^2\right]} \tag{2-38}$$

重复计算全部向量,得到 $N \times N$ 阶矩阵,即

$$\begin{bmatrix} r_{11} & \cdots & r_{1N} \\ \vdots & & \vdots \\ r_{N1} & \cdots & r_{NN} \end{bmatrix} \tag{2-39}$$

(3) 对于任意一个给定的数 r 计算得到两向量之间距离 r_{ij} 小于 r 的点,将这些点占所有的点数量的比例设为相关函数 $C(r)$

$$C(r) = \frac{1}{N^2} \sum_{i=1}^{N} \sum_{j=1}^{N} H(r - r_{ij}) \tag{2-40}$$

式中,H 为 Heaviside 函数,具体计算公式为

$$H(r - r_{ij}) = \begin{cases} 1, (r - r_{ij}) \geqslant 0 \\ 0, (r - r_{ij}) \leqslant 0 \end{cases} \tag{2-41}$$

r 的取值需满足

$$\lim_{r \to 0} C(r) = r^{\mathrm{CD}} \tag{2-42}$$

这样就可以计算得出关联维数值 CD，即

$$\mathrm{CD}(X) = \lim_{r \to 0} \frac{\lg C(r)}{\lg r} \tag{2-43}$$

2.4.3 Katz 分形维数

Katz 分形维数（Katz fractal dimension，KFD）[55]是一种针对波形数据计算分形维数的方法，能够定量地描述时间序列的复杂性，并且由于其计算效率高的优点而被广泛应用于非线性动力学领域。KFD 的计算过程如下：

（1）对一个时间序列 $X = \{x_i, i = 1, 2, \cdots, N\}$，计算该时间序列曲线的长度。该长度定义为 L，有

$$L = \sum_{i=1}^{N} |x_{i+1} - x_i| \tag{2-44}$$

（2）计算第 1 个点与第 i 个点之间的最大距离 d，有

$$d = \max(|x_i - x_1|), 0 < i < N \tag{2-45}$$

（3）最终，Katz 分形维数可计算为

$$\mathrm{KFD}(X) = \frac{\lg(N)}{\lg(N) + \lg\left(\dfrac{d}{L}\right)} \tag{2-46}$$

式中，KFD 为 Katz 分形维数值。

2.4.4 Higuchi 分形维数

Higuchi 分形维数（Higuchi fractal dimension，HFD）[54]是一种用于描述信号复杂性和不规则性的数学工具。Higuchi 分形维数的计算方法是通过对信号的轨迹进行分段直线连接来衡量信号的曲线度量。具体来说，它涉及将信号的轨迹分成不同长度的子段，并计算每个子段的长度随着子段长度的增加而变化的趋势。通过对这些趋势的分析，可以得到 Higuchi 分形维数。一般来说，信号的 Higuchi 分形维数越高，意味着信号的曲线越不规则、越复杂。其具体计算步骤如下：

(1) 设置一个长度为 N 的时间序列 $X = \{x_i, i = 1, 2, \cdots, N\}$，计算该时间序列曲线的长度，并使用延迟法重构时间序列，得到矩阵 $\boldsymbol{X}_m^k$，其形式为

$$\boldsymbol{X}_m^k : X(m), X(m+k), X(2m+k), \cdots, X\left(m + \text{int}\left(\frac{N-m}{k}\right)k\right) \quad (2\text{-}47)$$

式中，k 为延迟时间；m 为每个子序列起点的索引。

(2) 计算每一段 $\boldsymbol{X}_m^k$ 的曲线长度 $L_m(k)$，即

$$L_m(k) = \frac{1}{k}\left[\left(\sum_{i=1}^{\text{int}\left(\frac{N-m}{k}\right)} |X(m+ik) - X(m+(i-1)k)|\frac{N-1}{\text{int}\left(\frac{N-m}{k}\right)k}\right)\right]$$

$$(2\text{-}48)$$

(3) 用 k 个延迟生成序列曲线的长度的平均值近似生成总的序列的曲线长度 $L(k)$，即

$$L(k) = \frac{1}{k}\sum_{m=1}^{k} L_m(k) \quad (2\text{-}49)$$

(4) 针对不同的 k 值，获取 k 与 $L(k)$ 的关系式，即

$$L(k) \sim k^{-\text{HFD}} \quad (2\text{-}50)$$

两边取对数可得

$$\text{lb}(L(k)) = \text{HFD} \times \text{lb}\left(\frac{1}{k}\right) + C \quad (2\text{-}51)$$

式中，C 为常数；HFD 为该时间序列 X 的 Higuchi 分形维数值。

2.5 小结

本章深入探讨了 4 种信号的非线性动力学特征的基本原理，包括李雅普诺夫指数、分形维数、信息熵以及 LZC。它们是定量分析信号复杂度的有效工具，通过对其定义的细致解读及计算方法的深度探讨，为信号的特征提取提供了坚实的理论支持。本章探讨的内容如下：

(1) 详细阐述了李雅普诺夫指数的基本原理和计算流程，并强调了其在表征系统稳定性和混沌程度方面的重要作用。

(2) 详细介绍了盒维数、关联维数、Katz 分形维数以及 Higuchi 分形维数 4 种分形维数的定义、原理及计算方法。这些分形维数能够有效反映信号或系统

的复杂度和不规则性。

（3）深度探讨了信息熵的概念，介绍了包括样本熵、模糊熵与排列熵 3 种常见的熵，并详细说明了每种熵的计算流程。这些熵指标为分析时间序列复杂度提供了有力工具。

（4）详细描述了 LZC 的计算过程。不依赖参数设置且易于实现的特点使其在时间序列复杂度分析中显得尤为重要。

第3章 基于新型散布熵的特征提取方法

散布熵自提出以来，便在生物医学工程、海洋科学以及机械工程等领域具有广泛的应用。本章以散布熵为基础，对近年来的一些新型散布熵算法进行了介绍，并结合仿真和实测数据，对这些新型散布熵的性能进行比较研究，验证新型散布熵在水声信号特征提取中的可行性。

3.1 散布熵

散布熵[21]是另一种基于信息熵的改进算法，通过考虑幅值本身的方式代替考虑幅值顺序，有效解决了排列熵中相邻振幅值相等的问题，并且对噪声的敏感性也更低。传统散布熵的具体计算步骤如下：

（1）对于一个给定的时间序列 $X = \{x_i, i = 1,2,3,\cdots,N\}$，通过不同的映射函数与 round 函数的组合，将 X 中的每个元素 x_i 变换为区间为 $[1,c]$ 的整数，其中 c 为类别数。常用的映射函数包括正切 sigmoid（tangent sigmoid，TANSIG）函数、对数 sigmoid（logarithmic sigmoid，LOGSIG）函数和正态累积分布函数（normal cumulative distribution function，NCDF）。它们与 round 函数结合后的公式分别为

$$z_i = \text{round}\left(c \frac{1}{\arctan(e^{-\frac{x_i-\mu}{\sigma}}+1)+1} + 0.5\right) \tag{3-1}$$

$$z_i = \text{round}\left(c \frac{1}{1+e^{-\frac{x_i-\mu}{\sigma}}} + 0.5\right) \tag{3-2}$$

$$z_i = \text{round}\left(c \frac{1}{\sigma\sqrt{2\pi}} \int_{-\infty}^{y_j^{(s)}} e^{-\frac{(t-\mu)^2}{2\sigma^2}} dt + 0.5\right) \tag{3-3}$$

式中，σ 为序列的标准差；μ 为序列的均值；round 为四舍五入取整函数；z_i 为经过映射之后得到的新元素。

除上述映射函数之外,还存在排序函数(sorting function,SORT)。排序函数通过将原序列等分为 $\left[\dfrac{N}{c}\right]$ 段,第一段的元素置为1,第二段置为2,以此类推。然后对原序列进行排序,排序前的元素值与排序后的序列相对应,以此来得到新序列 Z。对于另一种线性映射(linear mapping,LINEAR),则是将原始序列归一化,将归一化的序列通过 round 函数转换为符号序列。原序列经上述映射函数处理后,都可以得到一个新的序列 $Z=\{z_i, i=1,2,3,\cdots,N\}$。其中每个元素 z_i 都是 $[1,c]$ 之间的整数。

(2) 针对得到的新序列 Z,通过相空间重构,将序列 Z 变换成一个类似矩阵的相空间,即

$$\begin{bmatrix} z_1^c & z_{1+\tau}^c & \cdots & z_{1+(m-1)\tau}^c \\ z_2^c & z_{2+\tau}^c & \cdots & z_{2+(m-1)\tau}^c \\ \vdots & \vdots & & \vdots \\ z_K^c & z_{K+\tau}^c & \cdots & z_{K+(m-1)\tau}^c \end{bmatrix} \tag{3-4}$$

式中,m 为嵌入维数;τ 为时间延迟。经过重构后,同样也能得到 $K=N-(m-1)\tau$ 个子序列。然而,子序列中每个元素都有 c 个可能取值,因此模式类别数也由排列熵中的 $m!$ 类增加到了 c^m 类。

(3) 统计每一类散布模式在相空间的出现次数,除以子序列的总个数,可得到散布模式概率,即

$$P(\pi_t) = \frac{\text{Number}\{\pi_t\}}{N-(m-1)\tau} \quad t \leqslant c^m \tag{3-5}$$

式中,π_t 为散布模式;$\text{Number}\{\pi_t\}$ 为 π_t 出现的次数。

(4) 根据式(3-5)中的散布模式概率,计算散布熵值,即

$$\text{DE}(X,m,c,\tau) = -\sum_{a=1}^{c^m} P(\pi_a) \times \ln(P(\pi_a)) \tag{3-6}$$

式中,$\text{DE}(X,m,c,\tau)$ 为散布熵值。

(5) 为了减少时间序列长度对熵值大小所造成的影响,需要对计算到的散布熵值进行归一化,归一化公式为

$$\text{NDE}(X,m,c,\tau) = \text{DE}(X,m,c,\tau)/\ln(c^m) \tag{3-7}$$

式中,$\text{NDE}(X,m,c,\tau)$ 为归一化后的散布熵值。

随后,以白噪声、粉噪声和蓝噪声为实验数据,分别生成50段独立的样本,每段样本包含2048个采样点,以比较散布熵中各类参数的影响。这些参数

包括类别数 c、嵌入维数 m 和映射方式。其中，白噪声、粉噪声和蓝噪声都是随机信号，其波形以无规律方式变化，这三者之间的区别在于频谱密度的不同。具体而言，粉噪声在低频区域具有较高的能量，而在高频区域逐渐减弱；蓝噪声则相反，高频区域具有较高的能量，而在低频区域逐渐减弱；白噪声的频谱密度是平均分布的，即在所有频率上具有相等的能量，因此其复杂程度在三者中也最高。

首先，对类别数 c 进行讨论。在固定嵌入维数 $m=3$ 和映射方式为 NCDF 的情况下，不同类别数下 3 类噪声的散布熵值的均值及标准差如图 3-1 所示。可以发现，类别数 c 在区间 [4，8] 内，散布熵值的变化非常小，且这些类别数均能有效地对 3 类噪声进行分类。此外，随着类别数的增加，散布熵的标准差变化微弱，表明类别数的变化并不会显著影响散布熵的可分性和稳定性。因此可以得出结论，类别数 c 对散布熵的影响并不明显，建议将类别数 c 的取值范围设定在 [4，8]。

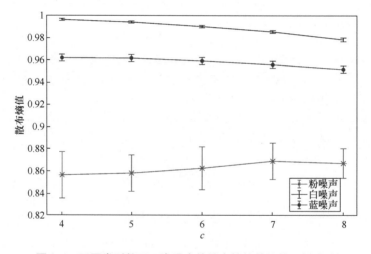

图 3-1　不同类别数下 3 类噪声的散布熵值的均值及标准差

其次，对嵌入维数 m 的作用进行讨论。在设定类别数 $c=4$ 和映射方式为 NCDF 的情况下，不同嵌入维数下 3 类噪声的散布熵值的均值及标准差如图 3-2 所示。可以看到与图 3-1 所示的类似，嵌入维数在区间 [2，5] 内变化非常小，同时也能有效地对 3 类噪声进行分类。此外，随着嵌入维数的增加，各类噪声的熵值整体呈现下降趋势，然而标准差的变化可以忽略不计。这说明嵌入维数的变化并不会改变散布熵的可分性和稳定性。综上，可以得出结论，嵌入维数对散布熵的影响也并不明显，建议将嵌入维数的取值范围设定在 [2，5]。

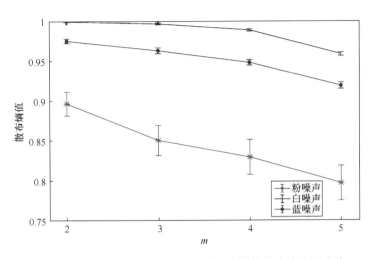

图 3-2　不同嵌入维数下 3 类噪声的散布熵值的均值及标准差

最后,对映射方式的作用进行讨论。不同映射方式下 3 类噪声的散布熵值的均值及标准差如图 3-3 所示,其余参数设置为 $m=3$、$c=4$。如图 3-3 所示,可以观察到,对于白噪声和蓝噪声,5 种映射方式的影响非常小,其均值及标准差变化微弱。只有粉噪声的散布熵值均值出现了一定程度的波动。然而,无论是哪种映射方式,都能有效地区分 3 类噪声。这说明 5 种映射方式并不会改变散布熵的可分性和稳定性。因此可以得出结论,这 5 种映射方式对于散布熵的可分性和稳定性的影响并不显著。

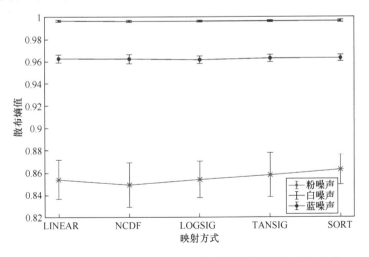

图 3-3　不同映射方式下 3 类噪声的散布熵值的均值及标准差

3.2 新型散布熵

3.2.1 波动散布熵

波动散布熵（fluctuation-based dispersion entropy，FDE）[22]在散布熵的基础上引入了波动处理技术，利用了散布模式的相邻元素之间的差异，进一步考虑了振幅之间的关系，克服了散布熵在分析非线性和非平稳信号的局限性。波动散布熵的计算步骤如下：

（1）对于序列 $X = \{x_i, i = 1,2,3,\cdots,N\}$，由 NCDF 进行处理将其变换成序列 $Y = \{y_i, i = 1,2,3,\cdots,N\}$。NCDF 可表示为

$$y_i = \frac{1}{\sigma\sqrt{2\pi}} \int_{-\infty}^{x_i} e^{-\frac{(t-\mu)^2}{2\sigma^2}} dt \quad i = 1,2,\cdots,N \tag{3-8}$$

式中，σ 和 μ 分别为序列 X 中所有元素的标准差和均值。

（2）将序列 Y 归一化，并通过舍入函数 round 将序列 Y 映射为符号序列 $Z^c = \{z_i^c, i = 1,2,3,\cdots,N\}$。round 可表示为

$$z_i^c = \text{round}(cy_i + 0.5) \tag{3-9}$$

式中，c 为类别个数；z_i^c 为区间 $[1,c]$ 之间的整数。

（3）对符号序列 Z^c 进行相空间重构，根据嵌入维数 m 确定每个重构的元素数。采用时延 τ 确定被取元素的间隔。最终得到的相空间可表示为

$$\begin{bmatrix} z_1^c & z_{1+\tau}^c & \cdots & z_{1+(m-1)\tau}^c \\ z_2^c & z_{2+\tau}^c & \cdots & z_{2+(m-1)\tau}^c \\ \vdots & \vdots & & \vdots \\ z_K^c & z_{K+\tau}^c & \cdots & z_{K+(m-1)\tau}^c \end{bmatrix} \tag{3-10}$$

式中，$K = N - (m-1)\tau$，说明重构后的相空间有 K 个重构分量。

（4）对每个重构分量进行波动处理，得到的新的相空间为

$$\begin{bmatrix} z_{1+\tau}^c - z_1^c & z_{1+2\tau}^c - z_{1+\tau}^c & \cdots & z_{1+(m-1)\tau}^c - z_{1+(m-2)\tau}^c \\ z_{2+\tau}^c - z_2^c & z_{2+2\tau}^c - z_{2+\tau}^c & \cdots & z_{2+(m-1)\tau}^c - z_{2+(m-2)\tau}^c \\ \vdots & \vdots & & \vdots \\ z_{K+\tau}^c - z_K^c & z_{K+2\tau}^c - z_{K+\tau}^c & \cdots & z_{K+(m-1)\tau}^c - z_{K+(m-2)\tau}^c \end{bmatrix} \tag{3-11}$$

波动处理后的相空间，每个重构分量的元素数由原来的 m 减少到 $m-1$ 个，将每个重构分量映射到对应的波动散布模式 $\pi_{v_1 v_2 \cdots v_{m-1}}$。其中，$v_1 = z_{1+\tau}^c - z_1^c, v_2 =$

$z_{1+2\tau}^c - z_{1+\tau}^c, \cdots, v_{m-1} = z_{1+(m-1)\tau}^c - z_{1+(m-2)\tau}^c$。由于每个元素有 $2c-1$ 种取值可能,所以可能出现的波动散布模式种类有 $(2c-1)^{m-1}$ 个。

（5）计算每个波动散布模式的相对概率,即

$$P(\pi_{v_1v_2\cdots v_{m-1}}) = \frac{\text{Number}\{t \mid t \leqslant N-(m-1)\tau, \pi_{v_1v_2\cdots v_{m-1}}\}}{N-(m-1)\tau} \quad (3-12)$$

式中,$\text{Number}\{t \mid t \leqslant N-(m-1)\tau, \pi_{v_1v_2\cdots v_{m-1}}\}$ 为模式 $\pi_{v_1v_2\cdots v_{m-1}}$ 的总数。

（6）根据香农熵定义计算波动散布熵值,即

$$\text{FDE}(X,m,c,\tau) = -\sum_{\pi=1}^{(2c-1)^{m-1}} p(\pi_{v_1v_2\cdots v_{m-1}}) \times \ln p(\pi_{v_1v_2\cdots v_{m-1}}) \quad (3-13)$$

式中,$\text{FDE}(X,m,c,\tau)$ 为波动散布熵值。

（7）为了避免时间序列长度对熵值的影响,需要对计算得到的波动散布熵进行归一化处理,即

$$\text{NFDE}(X,m,c,\tau) = \text{FDE}(X,m,c,\tau)/\ln((2c-1)^{m-1}) \quad (3-14)$$

为便于理解波动散布熵与散布熵的计算过程中的差异,图 3-4 给出了波动散布熵与散布熵的计算流程图。

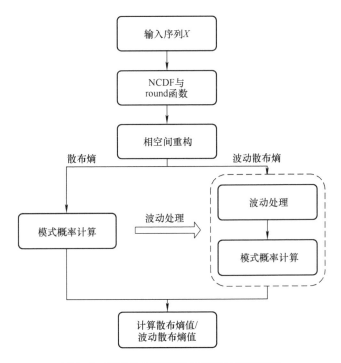

图 3-4 波动散布熵与散布熵的计算流程图

3.2.2 逆向散布熵

逆向散布熵（reverse dispersion entropy，RDE）[109]在散布熵的基础上引入了距离信息，定义了与白噪声的距离，进一步提高了散布熵的抗噪能力与稳定性。逆向散布熵的计算步骤如下：

（1）对于序列 $X = \{x_i, i = 1,2,3,\cdots,N\}$，根据散布熵的计算步骤（1）~步骤（3）得到每种散布模式 $\pi_{v_0 v_1 \cdots v_{m-1}}$ 的概率，即

$$P(\pi_{v_0 v_1 \cdots v_{m-1}}) = \frac{\text{Number}\{t \mid t \leqslant N-(m-1)\tau, \pi_{v_0 v_1 \cdots v_{m-1}}\}}{N-(m-1)\tau} \quad (3\text{-}15)$$

（2）根据与白噪声的距离计算逆向散布熵，即

$$\text{RDE}(X,m,c,\tau) = \sum_{\pi=1}^{c^m} \left(P(\pi_{v_0 v_1 \cdots v_{m-1}}) - \frac{1}{c^m} \right)^2 \quad (3\text{-}16)$$

式中，$\text{RDE}(X,m,c,\tau)$ 为逆向散布熵值。当 $P(\pi_{v_0 v_1 \cdots v_{m-1}}) = \frac{1}{c^m}$ 时，逆向散布熵 $\text{RDE}(X,m,c,\tau) = 0$，取得最小值；当只有一种散布模式时，$P(\pi_{v_0 v_1 \cdots v_{m-1}}) = 1$，此时 $\text{RDE}(X,m,c,\tau) = 1 - \frac{1}{c^m}$，取得最大值。

（3）对逆向散布熵归一化处理，即

$$\text{NRDE}(X,m,c,\tau) = \frac{\text{RDE}(x,m,c,\tau)}{1 - \frac{1}{c^m}} \quad (3\text{-}17)$$

式中，$\text{NRDE}(X,m,c,\tau)$ 为归一化逆向散布熵值。

图 3-5 给出了逆向散布熵的计算流程图。通过流程图可以直观地理解逆向散布熵的计算流程。

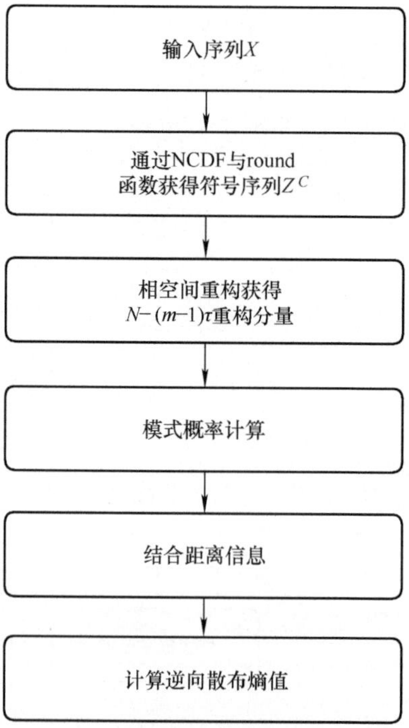

图 3-5　逆向散布熵的计算流程图

3.2.3 波动逆向散布熵

波动逆向散布熵（fluctuation-based reverse dispersion entropy，FRDE）[110]同时引入距离信息和局部波动信息，结合了逆向散布熵和波动散布熵的优点，既克服了散布熵在分析非线性和非平稳信号的局限性，又兼顾了抗噪能力。波动

逆向散布熵的计算步骤如下：

（1）对于序列 $X = \{x_i, i = 1, 2, 3, \cdots, N\}$，根据 NCDF 将原序列变换成序列 $Y_N = \{y_i, i = 1, 2, 3, \cdots, N\}$。NCDF 可为

$$y_i = \frac{1}{\sigma\sqrt{2\pi}} \int_{-\infty}^{x_i} e^{-\frac{(t-\mu)^2}{2\sigma^2}} dt \quad i = 1, 2, \cdots, N \tag{3-18}$$

式中，σ 和 μ 分别为序列 X 中所有元素的标准差和均值。

（2）将序列 Y 归一化，并通过舍入函数 round 将序列 Y 映射为符号序列 $Z^c = \{z_i^c, i = 1, 2, 3, \cdots, N\}$。round 可表示为

$$z_i^c = \text{round}(cy_i + 0.5) \tag{3-19}$$

式中，c 为类别个数；z_i^c 为区间 $[1, c]$ 中的整数。

（3）对符号序列 Z^c 进行相空间重构，根据嵌入维数 m 确定每个重构的元素数。采用时延 τ 确定被取元素的间隔。最终得到的相空间可表示为

$$\begin{bmatrix} z_1^c & z_{1+\tau}^c & \cdots & z_{1+(m-1)\tau}^c \\ \vdots & \vdots & & \vdots \\ z_j^c & z_{j+\tau}^c & \cdots & z_{j+(m-1)\tau}^c \\ \vdots & \vdots & & \vdots \\ z_{N-(m-1)\tau}^c & z_{N-(m-1)\tau+\tau}^c & \cdots & z_N^c \end{bmatrix} \tag{3-20}$$

（4）对每个重构分量进行波动处理，得到的新的相空间为

$$\begin{bmatrix} z_{1+\tau}^c - z_1^c & z_{1+2\tau}^c - z_{1+\tau}^c & \cdots & z_{1+(m-1)\tau}^c - z_{1+(m-2)\tau}^c \\ \vdots & \vdots & & \vdots \\ z_{j+\tau}^c - z_j^c & z_{j+2\tau}^c - z_{j+\tau}^c & \cdots & z_{j+(m-1)\tau}^c - z_{j+(m-2)\tau}^c \\ \vdots & \vdots & & \vdots \\ z_{N-(m-1)\tau+\tau}^c - z_{N-(m-1)\tau}^c & z_{N-(m-1)\tau+2\tau}^c - z_{N-(m-1)\tau+\tau}^c & \cdots & z_N^c - z_{N-\tau}^c \end{bmatrix}$$

$$\tag{3-21}$$

波动处理后的相空间，每个重构分量的元素数由原来的 m 减少到 $m-1$ 个，将每个重构分量映射到对应的波动散布模式 $\pi_{v_1 v_2 \cdots v_{m-1}}$。其中，$v_1 = z_{j+\tau}^c - z_j^c$，$v_2 = z_{j+2\tau}^c - z_{j+\tau}^c$，$\cdots$，$v_{m-1} = z_{j+(m-1)\tau}^c - z_{j+(m-2)\tau}^c$。由于每个元素有 $2c-1$ 种取值可能，所以可能出现的波动散布模式种类共有 $(2c-1)^{m-1}$。

（5）计算每个波动散布模式的相对概率，即

$$P(\pi_{v_1 v_2 \cdots v_{m-1}}) = \frac{\text{Number}\{t \mid t \leq N-(m-1)\tau, \pi_{v_1 v_2 \cdots v_{m-1}}\}}{N-(m-1)\tau} \tag{3-22}$$

式中，$\text{Number}\{t \mid t \leq N-(m-1)\tau, \pi_{v_1 v_2 \cdots v_{m-1}}\}$ 为模式 $\pi_{v_1 v_2 \cdots v_{m-1}}$ 的总数。

(6) 计算波动逆向散布熵，即

$$\text{FRDE}(X,m,c,\tau) = \sum_{\pi=1}^{(2c-1)^{m-1}} \left(P(\pi_{v_0 v_1 \cdots v_{m-1}}) - \frac{1}{(2c-1)^{m-1}} \right)^2 \quad (3\text{-}23)$$

式中，$\text{FRDE}(X,m,c,\tau)$ 为波动逆向散布熵值。

(7) 归一化波动逆向散布熵可计算为

$$\text{NFRDE}(X,m,c,\tau) = \frac{\text{FRDE}(x,m,c,\tau)}{1 - \frac{1}{(2c-1)^{m-1}}} \quad (3\text{-}24)$$

式中，$\text{NFRDE}(X,m,c,\tau)$ 为归一化逆向散布熵值。

3.2.4 集合散布熵

集合散布熵（ensemble dispersion entropy，EnsDE）[24]使用散布熵中的所有映射方式，获取到具有低偏差的熵值，集成了 5 种映射方式的优势，进一步提高了散布熵的稳定性。集合散布熵计算步骤如下：

(1) 对于序列 $X = \{x_i, i = 1,2,3,\cdots,N\}$，根据常用的 5 种映射方式 NCDF、TANSIG、LOGSIG、SORT、LINEAR 和舍入函数，分别转换为符号序列 $Z^{1,c}$、$Z^{2,c}$、$Z^{3,c}$、$Z^{4,c}$ 和 $Z^{5,c}$。NCDF、TANSIG、LOGSIG 分别和舍入函数的组合可表示为

$$z_i^{1,c} = \text{round}\left(c \frac{1}{\sigma\sqrt{2\pi}} \int_{-\infty}^{x_i} e^{\frac{-(t-\mu)^2}{2\sigma^2}} dt + 0.5 \right) \quad (3\text{-}25)$$

$$z_i^{2,c} = \text{round}\left(c \frac{1}{1 + e^{-\frac{x_i - \mu}{\sigma}}} + 0.5 \right) \quad (3\text{-}26)$$

$$z_i^{3,c} = \text{round}\left(c \frac{1}{\arctan(e^{-\frac{x_i - \mu}{\sigma}} + 1) + 1} + 0.5 \right) \quad (3\text{-}27)$$

式中，σ 和 μ 分别为序列 X 中所有元素的标准差和均值；$z_i^{t,c}$ 为区间 [1, c] 中的整数。SORT 映射将原始序列等距划分为 [N/c] 段，第一段的元素为 1，第二段的元素为 2，以此类推。然后对原始序列进行排序，排序前元素值对应于排序后的序列，以此得到新的序列 $Z^{4,c}$。LINEAR 则是将原始序列归一化，将归一化的序列通过 round 函数转换为符号序列 $Z^{5,c}$。

(2) 将符号序列 $Z^{t,c} = \{z_i^{t,c}, i = 1,2,3,\cdots,N\}, t = 1,2,3,4,5$ 进行相空间重构。重构后的相空间为

$$\begin{bmatrix} z_1^{t,c} & z_{1+\tau}^{t,c} & \cdots & z_{1+(m-1)\tau}^{t,c} \\ \vdots & \vdots & & \vdots \\ z_j^{t,c} & z_{j+\tau}^{t,c} & \cdots & z_{j+(m-1)\tau}^{t,c} \\ \vdots & \vdots & & \vdots \\ z_{N-(m-1)\tau}^{t,c} & z_{N-(m-1)\tau+\tau}^{t,c} & \cdots & z_N^{t,c} \end{bmatrix} \qquad (3-28)$$

式中，m 为嵌入维数；τ 为时间延迟。嵌入维数 m 确定每个重构分量的元素数。时间延迟 τ 确定被取元素的间隔。

（3）将 $Z^{t,c}$ 重构后的重构分量映射到一种对应模式。以 NCDF 映射对应的重构分量为例，每个分量对应一种模式 $\pi_{v_0 v_1 \cdots v_{m-1}}$。其中，$z_j^{1,c} = v_0, z_{j+\tau}^{1,c} = v_1, \cdots, z_{j+(m-1)\tau}^{1,c} = v_{m-1}$。由于每个元素有 c 种取值可能，所以可能出现的散布模式种类共有 c^m。类似地，每种映射方式都按这种方式被映射为 c^m 种散布模式 $\pi_{v_0 v_1 \cdots v_{m-1}}$。

（4）计算所有映射方式对应的模式 $\pi_{v_0 v_1 \cdots v_{m-1}}$ 总的相对概率，即

$$P(\pi_{v_0 v_1 \cdots v_{m-1}}) = \frac{\text{Number}\{t \mid t \leq N-(m-1)\tau, \pi_{v_1 v_2 \cdots v_{m-1}}\}}{5(N-(m-1)\tau)} \qquad (3-29)$$

式中，$\text{Number}\{t \mid t \leq N-(m-1)\tau, \pi_{v_1 v_2 \cdots v_{m-1}}\}$ 为 $Q^c = \{Z^{1,c}, Z^{2,c}, Z^{3,c}, Z^{4,c}, Z^{5,c}\}$ 中模式 $\pi_{v_1 v_2 \cdots v_{m-1}}$ 出现的总数。

（5）根据香农熵定义计算集合散布熵值，即

$$\text{EnsDE}(X, m, c, \tau) = -\frac{1}{\ln(c^m)} \sum_{\pi=1}^{c^m} p(\pi_{v_0 v_1 \cdots v_{m-1}}) \ln p(\pi_{v_0 v_1 \cdots v_{m-1}}) \qquad (3-30)$$

式中，$\text{EnsDE}(X, m, c, \tau)$ 为集合散布熵值。

为了直观地理解集合散布熵的计算流程，图 3-6 给出了集合散布熵的计算流程图。

3.2.5 模糊散布熵

模糊散布熵（fuzzy dispersion entropy, FuzDE）[23]采用模糊隶属度函数替代了散布熵中原始的舍入函数。模糊隶属度函数的引入减小了散布模式映射过程中有效信息的损失。模糊散布熵计算步骤如下：

（1）对于序列 $X = \{x_i, i = 1, 2, 3, \cdots, N\}$，根据 NCDF 将其变换成序列 $Y = \{y_i, i = 1, 2, 3, \cdots, N\}$。NCDF 可表示为

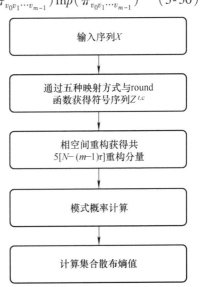

图 3-6　集合散布熵的计算流程图

$$y_i = \frac{1}{\sigma\sqrt{2\pi}}\int_{-\infty}^{x_i} e^{-\frac{(t-\mu)^2}{2\sigma^2}} dt \quad i = 1,2,\cdots,N \quad (3\text{-}31)$$

式中，σ 和 μ 分别为序列 X 中所有元素的标准差和均值。

（2）将序列 Y 归一化，并通过线性变换将序列 Y 映射为序列 $Z^c = \{z_i^c, i = 1,2,3,\cdots,N\}$，线性变化可表示为

$$z_i^c = cy_i + 0.5 \quad (3\text{-}32)$$

式中，c 为类别数。

（3）对序列 z_i^c 进行模糊处理，有

$$\mu_{M_1}(z_i^c) = \begin{cases} 0 & z_i^c > 2 \\ 2 - z_i^c & 1 \leq z_i^c \leq 2 \\ 1 & z_i^c < 1 \end{cases} \quad (3\text{-}33)$$

$$\mu_{M_k}(z_i^c) = \begin{cases} 0 & z_i^c > k+1 \\ k+1 - z_i^c & k \leq z_i^c \leq k+1 \\ z_i^c - k + 1 & k-1 \leq z_i^c \leq k \\ 0 & z_i^c < k-1 \end{cases} \quad k = 2,3,\cdots,c-1 \quad (3\text{-}34)$$

$$\mu_{M_c}(z_i^c) = \begin{cases} 1 & z_i^c > c \\ z_i^c - c + 1 & c-1 \leq z_i^c \leq c \\ 0 & z_i^c < c-1 \end{cases} \quad (3\text{-}35)$$

式中，M_k 为模糊隶属函数；$\mu_{M_k}(z_i^c)$ 为元素 z_i^c 对于第 k 类的隶属度。通过模糊隶属函数，每个 z_i^c，将有 1 或 2 个不同的隶属度。隶属度的取值为区间 $[1,c]$ 中的整数。

（4）对模糊处理后的符号序列进行相空间重构，得

$$\begin{bmatrix} z_1^c & z_{1+\tau}^c & \cdots & z_{1+(m-1)\tau}^c \\ \vdots & \vdots & & \vdots \\ z_j^c & z_{j+\tau}^c & \cdots & z_{j+(m-1)\tau}^c \\ \vdots & \vdots & & \vdots \\ z_{N-(m-1)\tau}^c & z_{N-(m-1)\tau+\tau}^c & \cdots & z_N^c \end{bmatrix} \quad (3\text{-}36)$$

式中，m 为嵌入维数；τ 为时间延迟。嵌入维数 m 确定每个重构分量的元素数。时延 τ 确定被取元素的间隔。将每个重构分量映射到一种对应模式 $\pi_{v_0 v_1 \cdots v_{m-1}}$。其中，$z_j^c = v_0, z_{j+\tau}^c = v_1, \cdots, z_{j+(m-1)\tau}^c = v_{m-1}$。与散布熵相同，由于每个元素有 c 种取值可能，所以可能出现的散布模式种类共有 c^m。

(5) 计算每个重构分量相对于散布模式 $\pi_{v_0v_1\cdots v_{m-1}}$ 的隶属度,并将其表示为

$$\mu_{\pi_{v_0v_1\cdots v_{m-1}}}(Z_j^{c,m}) = \prod_{i=0}^{m-1}\mu_{M_{v_i}}(z_{j+(i)\tau}^c) \tag{3-37}$$

以这种方式,每个子序列 $Z_j^{c,m}$ 将对应于伴随不同隶属度的多种散布模式。

(6) 计算每种散布模式的相对概率,即

$$p(\pi_{v_0v_1\cdots v_{m-1}}) = \frac{\sum_{j=1}^{N-(m-1)\tau}\mu_{\pi_{v_0v_1\cdots v_{m-1}}}(Z_j^{c,m})}{N-(m-1)\tau} \tag{3-38}$$

(7) 根据香农熵定义计算模糊散布熵值,即

$$\text{FuzDE}(X,m,c,\tau) = -\sum_{\pi=1}^{c^m}p(\pi_{v_0v_1\cdots v_{m-1}})\ln p(\pi_{v_0v_1\cdots v_{m-1}}) \tag{3-39}$$

式中,$\text{FuzDE}(X,m,c,\tau)$ 为模糊散布熵值。

(8) 计算归一化模糊散布熵值,即

$$\text{NFuzDE}(X,m,c,\tau) = \frac{\text{FuzDE}(X,m,c,\tau)}{\ln(c^m)} \tag{3-40}$$

式中,$\text{NFuzDE}(X,m,c,\tau)$ 为归一化模糊散布熵值。

3.2.6 分数阶模糊散布熵

分数阶模糊散布熵(fractional order fuzzy dispersion entropy,FuzDE_α)[111] 通过引入分数阶计算,进一步考虑模糊散布熵忽略的分数阶信息,实现了测量多个分数阶下的时间序列动态变化。分数阶模糊散布熵具体计算步骤如下:

(1) 对于序列 $X=\{x_i,i=1,2,3,\cdots,N\}$,根据 NCDF 进行处理将其变换成序列 $Y=\{y_i,i=1,2,3,\cdots,N\}$。NCDF 可表示为

$$y_i = \frac{1}{\sigma\sqrt{2\pi}}\int_{-\infty}^{x_i}e^{-\frac{(t-\mu)^2}{2\sigma^2}}\text{d}t \quad i=1,2,\cdots,N \tag{3-41}$$

式中,σ 和 μ 分别为序列 X 中所有元素的标准差和均值。

(2) 将序列 Y 归一化,并通过线性变换将序列 Y 映射为序列 $Z^c=\{z_i^c,i=1,2,3,\cdots,N\}$。线性变化可表示为

$$z_i^c = cy_i + 0.5 \tag{3-42}$$

式中,c 为类别数。

(3) 对序列 z_i^c 进行模糊处理,有

$$\mu_{M_1}(z_i^c) = \begin{cases} 0 & z_i^c > 2 \\ 2-z_i^c & 1 \leq z_i^c \leq 2 \\ 1 & z_i^c < 1 \end{cases} \tag{3-43}$$

$$\mu_{M_k}(z_i^c) = \begin{cases} 0 & z_i^c > k+1 \\ k+1-z_i^c & k \leq z_i^c \leq k+1 \\ z_i^c-k+1 & k-1 \leq z_i^c \leq k \\ 0 & z_i^c < k-1 \end{cases} \quad k = 2,3,\cdots,c-1 \quad (3\text{-}44)$$

$$\mu_{M_c}(z_i^c) = \begin{cases} 1 & z_i^c > c \\ z_i^c-c+1 & c-1 \leq z_i^c \leq c \\ 0 & z_i^c < c-1 \end{cases} \quad (3\text{-}45)$$

式中，M_k 为模糊隶属函数；$\mu_{M_k}(z_i^c)$ 为元素 z_i^c 对于第 k 类的隶属度。通过模糊隶属函数，每个 z_i^c 有 1 或 2 个不同的隶属度。隶属度的取值为区间 $[1,c]$ 中的整数。

（4）对模糊处理后的符号序列进行相空间重构，得

$$\begin{bmatrix} z_1^c & z_{1+\tau}^c & \cdots & z_{1+(m-1)\tau}^c \\ \vdots & \vdots & & \vdots \\ z_j^c & z_{j+\tau}^c & \cdots & z_{j+(m-1)\tau}^c \\ \vdots & \vdots & & \vdots \\ z_{N-(m-1)\tau}^c & z_{N-(m-1)\tau+\tau}^c & \cdots & z_N^c \end{bmatrix} \quad (3\text{-}46)$$

将每个重构分量映射到一种对应模式 $\pi_{v_0 v_1 \cdots v_{m-1}}$。其中，$z_j^c = v_0$，$z_{j+\tau}^c = v_1$，$\cdots$，$z_{j+(m-1)\tau}^c = v_{m-1}$。与散布熵相同，由于每个元素有 c 种取值可能，所以可能出现的散布模式种类共有 c^m。

（5）计算每个重构分量相对于散布模式 $\pi_{v_0 v_1 \cdots v_{m-1}}$ 的隶属度，并将其表示为

$$\mu_{\pi_{v_0 v_1 \cdots v_{m-1}}}(Z_j^{c,m}) = \prod_{i=0}^{m-1} \mu_{M_{v_i}}(z_{j+(i)\tau}^c) \quad (3\text{-}47)$$

以这种方式，每个子序列 $Z_j^{c,m}$ 对应不同隶属度下的多种散布模式。

（6）引入分数阶计算，得到分数阶模糊散布熵，即

$$\text{FuzDE}_\alpha(X,m,c,\tau) = \sum_j P_j \left\{ -\frac{P_j^{-\alpha}}{\Gamma(\alpha+1)} [\ln P_j + \psi(1) - \psi(1-\alpha)] \right\} \quad (3\text{-}48)$$

式中，P_j 为 $p(\pi_{v_0 v_1 \cdots v_{m-1}})$；$\alpha$ 为分数导数的阶数；$\Gamma(\ )$ 和 $\psi(\ )$ 分别为伽马（gamma）函数和双伽马（digamma）函数。

（7）归一化分数阶模糊散布熵值可定义为

$$\text{NFuzDE}_\alpha(x,m,c,\tau) = \frac{\text{FuzDE}_\alpha(x,m,c,\tau)}{\ln c^m} \quad (3\text{-}49)$$

式中，$\text{NFuzDE}_\alpha(x,m,c,\tau)$ 为归一化分数阶模糊散布熵值。

分数阶模糊散布熵中引入了一种新的参数分数阶 α，所以本节对参数 α 进行讨论。采用的实验与 3.1 节的相同，不同类别数下 3 类噪声分数阶模糊散布熵值的均值及标准差如图 3-7 所示。其余参数设置也参考 3.1 节：嵌入维数 m 取 3，时间延迟 t 取 1，类别个数 c 取 4，映射方式为 NCDF。如图 3-7 所示，随着分数阶 α 的增加，3 类噪声的熵值都呈现上升趋势；当分数阶 $\alpha > -0.1$ 时，3 类噪声信号之间的差异逐渐增大，可以被有效识别；并且随 α 增大，对标准差的影响很小，说明 α 的变化并不会改变分数阶模糊散布熵的稳定性。综上可得出结论，$\alpha > -0.1$ 时分数阶模糊散布熵的性能最好，建议 α 的取值范围为 $[-0.1, 0.5]$。

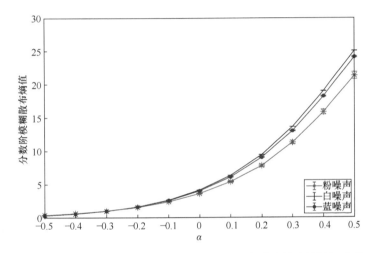

图 3-7 不同类别数下 3 类噪声分数阶模糊散布熵值的均值及标准差

3.2.7 简易编码散布熵

不同于前面介绍的新型散布熵，简易编码散布熵（simplified coded dispersion entropy，SCDE）[25] 是通过对已有模式的进一步细分，得到更多模式类别，从而提高了传统散布熵在时间序列分析中的可分性。简易编码散布熵的具体计算步骤如下：

（1）对于一个长度为 N 的时间序列 $X = \{x(i), i = 1, 2, 3, \cdots, N\}$，根据 NCDF 和归一化函数相结合的方法，将原始序列的值映射到区间 $[0, 1]$。NCDF 可表示为

$$y(i) = \frac{1}{\sigma\sqrt{2\pi}} \int_{-\infty}^{x(i)} e^{-\frac{(t-\mu)^2}{2\sigma^2}} dt \tag{3-50}$$

式中，σ 为序列的标准差；μ 为序列的均值。通过步骤（1），得到的每个 $y(i)$ 都属于区间 $[-1,1]$。之后，使用归一化函数将 $y(i)$ 输出到区间 $[0,1]$。

（2）设置类别数 c，通过四舍五入的映射方式将每个 $y(i)$ 变为区间 $[1,c]$ 中的整数。取整的过程可以表示为

$$\begin{cases} r(i) = cy(i) + 0.5 \\ z(i) = \text{round}(r(i)) \end{cases} \quad (3\text{-}51)$$

式中，round 为四舍五入取整函数；$r(i)$ 为未取整的元素；$z(i)$ 为取整后的元素。通过步骤（2），可以得到一个新的序列 $Z^c = \{z(i), i = 1, 2, 3, \cdots, N\}$。

（3）对序列 Z^c 进行相空间重构，将其变换为多个子序列 $z_i^{c,m}$。其中，m 是嵌入维数，同时也代表 $z^{c,m}$ 的序列长度。$z_i^{c,m}$ 可表示为

$$\begin{aligned} z_i^{c,m} &= \{z(i), z(i+\tau), z(i+2\times\tau), \cdots, z(i+(m-1)\times\tau)\} \\ & i = 1, 2, \cdots, N - (m-1)\tau \end{aligned} \quad (3\text{-}52)$$

式中，τ 为时间延迟，代表了所选序列各个元素之间的距离。多数研究也表明，相比于取其他值，τ 取 1 更能避免有效信息损失。

经过步骤（3）的处理，可以得到 $N-(m-1)$ 个子序列，每个子序列 $z_i^{c,m}$，$i = 1, 2, \cdots, N-(m-1)\times\tau$ 都可以被表征为一个散布模式 $\pi_{v_1 v_2 \cdots v_m}$。其中，v_i 是该子序列的第 i 个元素。原序列 X 共有 c^m 类模式序列。例如，一个具有所有下标 1 的散布模式 $\pi_{11\cdots1}$ 对应一个所有元素均为 1 的子序列 $z_i^{c,m}$。

（4）按照散布模式将所有子序列进行分类，并根据每个散布模式，计算这些子序列未取整时各个位置的元素均值，即

$$\overline{\pi_{v_1 v_2 \cdots v_m}} = \{\overline{z^1_{v_1 v_2 \cdots v_m}}, \overline{z^2_{v_1 v_2 \cdots v_m}}, \overline{z^3_{v_1 v_2 \cdots v_m}}, \cdots, \overline{z^m_{v_1 v_2 \cdots v_m}}\} \quad (3\text{-}53)$$

式中，$\overline{\pi_{v_1 v_2 \cdots v_m}}$ 为均值散布模式；$\overline{z^i_{v_1 v_2 \cdots v_m}}$ 为均值散布模式的第 i 个元素。

（5）针对步骤（3）得到的每个子序列，根据散布模式类别，按照对应位置将各个元素与均值散布模式进行比较，并根据以下准则进行划分：

$$v(i) = \begin{cases} 2 & r(i) > \overline{z^i_{v_1 v_2 \cdots v_m}} \\ 1 & r(i) = \overline{z^i_{v_1 v_2 \cdots v_m}} \\ 0 & r(i) < \overline{z^i_{v_1 v_2 \cdots v_m}} \end{cases} \quad (3\text{-}54)$$

根据划分准则，可以得到一个新序列 $v_i^{c,m} = \{v(i), v(i+\tau), v(i+2\tau), \cdots, v(i+(m-1)\tau)\}$，即二次编码得到的结果，进而对原模式进一步细分。将步骤（3）和步骤（5）得到的结果结合，可以用 $\{z_i^{c,m}, v_i^{c,m}\}$ 对每个子序列进行分类，并通过 $\pi_{v_1 v_2 \cdots v_{2m}}$ 来代表所有的模式类别。相比于传统散布熵的模式类别个数，编码散布熵存在的模式类别数量也从原来的 c^m 增加到 $(2c)^m$。

(6) 统计各个模式类别的模式个数, 并计算对应的概率, 即

$$P(\pi_{v_1 v_2 \cdots v_{2m}}) = \frac{\text{Number}(\pi_{v_1 v_2 \cdots v_{2m}})}{N - (m-1)\tau} \quad (3\text{-}55)$$

式中, $\text{Number}(\pi_{v_1 v_2 \cdots v_{2m}})$ 为模式的出现次数; $P(\pi_{v_1 v_2 \cdots v_{2m}})$ 为模式 $\pi_{v_1 v_2 \cdots v_{2m}}$ 的概率。

(7) 根据香农熵的计算公式, 计算得到简易编码散布熵值, 即

$$\text{SCDE}(X, m, c, \tau) = -\sum_{\pi=1}^{c^m \times 2^m} P(\pi_{v_1 v_2 \cdots v_{2m}}) \ln(P(\pi_{v_1 v_2 \cdots v_{2m}})) \quad (3\text{-}56)$$

式中, $\text{SCDE}(X, m, c, \tau)$ 为简易编码散布熵值。

(8) 为了减少序列长度对熵值大小的影响, 最后需要通过计算得到编码散布熵值进行归一化, 有

$$\text{NSCDE}(X, m, c, \tau) = \frac{\text{SCDE}}{\ln(c^m 2^m)} \quad (3\text{-}57)$$

式中, $\text{NSCDE}(X, m, c, \tau)$ 为归一化后的简易编码散布熵值。

3.3 新型散布熵仿真实验

为了深入理解和评估不同类型的新型散布熵, 本节通过 3 个仿真实验, 模拟和分析各种连续信号的新型散布熵, 并进行对比分析。通过这些仿真实验, 深入了解新型散布熵的特性, 并为实际应用中的数据处理和决策提供更准确的工具和指导。所比较的新型散布熵包括波动逆向散布熵、集合散布熵、模糊散布熵及简易编码散布熵。涉及的参数中, 类别数 c 均取 4, 嵌入维数 m 均取 3, 映射方式均为 NCDF。

3.3.1 调幅啁啾信号实验

调幅啁啾信号是一种特殊类型的调幅信号, 具有在时间上逐渐变化的频率特性。频率的渐进性变化使其具有丰富的动态特性。通过合理的设计和调节调幅啁啾信号的参数, 可以实现各种不同应用的需求。实验采用的调幅啁啾信号总长为 20s, 采样频率为 1000Hz, 初始频率为 8Hz, 最终频率为 40Hz, 频率变化方式为指数类型增加。调幅啁啾信号时域波形图如图 3-8 所示。

通过对图 3-8 所示波形的观察, 可以明显看到调幅啁啾信号的幅值呈现不断波动的趋势; 并且, 随着频率逐渐增加, 其信号分布越来越复杂。因此, 通过观察熵值曲线是否能够准确反映信号复杂度随时间波动上升的趋势, 以此评估熵在动态检测方面的能力。为了评估各类新型散布熵在检测时间序列幅值和

频率变化方面的能力,采用了时间长度为 1s、重叠度为 90% 的滑动窗口对样本信号进行截取,共获得了 190 个样本,并对每个样本进行了各类熵值的计算,以揭示信号在不同时间点的复杂度特性。调幅啁啾信号的各类新型散布熵值变化曲线如图 3-9 所示。

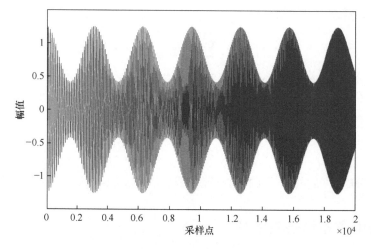

图 3-8 调幅啁啾信号时域波形图

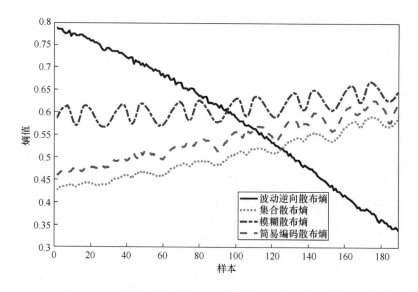

图 3-9 调幅啁啾信号的各类新型散布熵值变化曲线

图 3-9 中，4 种熵均能有效反应调幅啁啾信号的整体复杂度逐渐增加的变化趋势，波动逆向散布熵呈逆趋势，因此其熵值曲线呈现下降趋势。在幅值变化上，集合散布熵、模糊散布熵和简易编码散布熵均能够反映出调幅啁啾信号的幅值波动趋势。其中，模糊散布熵在反映幅值波动上表现突出，但其熵值曲线的上升趋势相对平缓，不能检测到复杂度的细小变化；简易编码散布熵与集合散布熵的曲线在反映幅值的波动特性的同时，也呈现出明显的上升趋势，能准确反映信号的频率变化。在需要同时检测时间序列的频率和幅值变化的场景中，简易编码散布熵与集合散布熵具有显著的优势。综上，简易编码散布熵与集合散布熵在检测时间序列的频率及幅值变化方面展现出了优异的性能，在实际应用中具有广泛的潜力和价值，为实际应用中的数据处理和决策提供帮助。

3.3.2 MIX 信号实验

MIX 信号是一种合成信号，主要由周期信号 X_1、随机信号 X_2 以及调节参数 u 组成。参数 u 可以控制整个合成信号的随机性，通过计算合成信号的各类新型散布熵值，以此来反映这些熵检测时间序列混乱程度变化的能力。其中 MIX 信号的公式为

$$\begin{cases} \text{MIX} = (1-u)X_1 + uX_2 \\ X_1 = \sqrt{2}\sin\dfrac{2\pi t}{12} \\ X_2 \in [-\sqrt{3}, \sqrt{3}] \end{cases} \quad (3\text{-}58)$$

式中，X_1 为一段正弦周期性信号；X_2 为由区间 $[-\sqrt{3}, \sqrt{3}]$ 内的随机值组成的随机信号。在本实验中，u 从最开始的 0.99 线性降低到最后的 0.01，整段信号的采样频率为 1000Hz，总长度为 20s。MIX 信号的时域波形图如图 3-10 所示。可以直观地看到，在 0~2s（样本点 0~2000）时，随机信号 X_2 的占比更大，时域波形特别复杂，没有规律，混乱程度高；到 18~20s（样本点 18000~20000）时，周期信号 X_1 的占比更大，此时的信号更像是一段规律的信号，混乱程度低。

类似地，为了评估各类新型散布熵在检测时间序列幅值和频率变化方面的能力，采用了时间长度为 1s、重叠度为 90% 的滑动窗口对样本信号进行截取，共获得了 190 个样本，并对每个样本进行了各类熵值的计算，以揭示 MIX 信号在不同时间点的复杂度特性。图 3-11 给出了 MIX 信号的各类新型散布熵值的变化曲线。

通过观察图 3-11 所示的波形，可以发现除了波动逆向散布熵以外的新型散布熵值的变化曲线，随着 MIX 信号复杂度的逐渐降低也相应地呈现下降趋势；

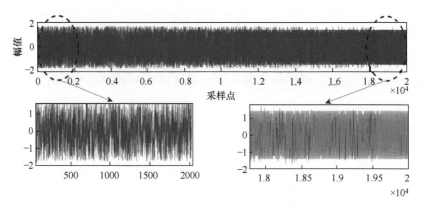

图 3-10　MIX 信号的时域波形图

波动逆向散布熵因自身特性呈现出上升的逆趋势。这些现象揭示了所有新型散布熵值在量化时间序列混乱程度变化方面的有效性。在各类新型散布熵中，集合散布熵和模糊散布熵的变化曲线相似，但集合散布熵在 150~190 个样本时的下降趋势更为显著。这表明集合散布熵具有更高的敏感度和准确性。简易编码散布熵的曲线从第一个样本的 0.93 降至最后一个样本的 0.48，表现出最大的下降趋势，并且熵值曲线相对平滑。这验证了简易编码散布熵在反映时间序列混乱程度变化方面的有效性与稳定性。综上所述，各类新型散布熵值均能有效地反映时间序列的混乱程度变化；其中的简易编码散布熵在量化时间序列复杂性方面表现最为出色。

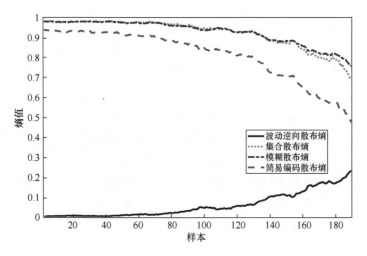

图 3-11　MIX 信号的各类新型散布熵值变化曲线

3.3.3 Logistic 模型实验

Logistic 模型是一种常见的数学模型，常用于描述动态系统中的复杂非线性行为。当 Logistic 模型中的参数 r 发生变化时，整个模型也会相应地产生动态变化。本实验通过比较不同 r 值下熵值曲线的变化，来评估各类新型散布熵对于时间序列动态变化的检测能力。其中的 Logistic 模型的公式为

$$x_{i+1} = rx_i(1 - x_i), \quad x_1 = 0.1 \tag{3-59}$$

式中，x_i 为 Logistic 模型的第 i 个点。初始点 x_1 的变化往往也会对整个模型产生影响。本实验将初始值 x_1 设为 0.1，r 值从 3.5 线性增加到 4，间隔为 0.001。在每个 r 值下，截取 $y = [z_i]$（$i \in [10000, 15000]$）作为实验信号，不同 r 值下 Logistic 模型的组成成分如图 3-12 所示。当 r 值为 3.5 时，纵坐标有 4 个点，代表着整个模型就是由这 4 个值组成的，此时的 Logistic 模型就是一段周期信号；相反，当 r 值为 4.0 时，纵坐标有成百上千个点，此时的 Logistic 模型则较为复杂。

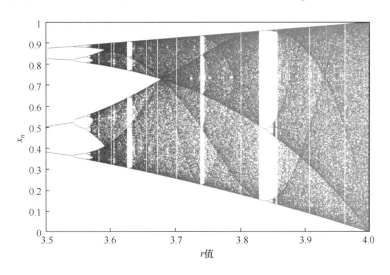

图 3-12 不同 r 值下 Logistic 模型的组成成分

不同 r 值下的 Logistic 模型的各类新型散布熵值分布如图 3-13 所示。如图 3-12 和图 3-13 所示，可以看出，在 $r = 3.5 \sim 3.545$ 时，整个 Logistic 模型都只是由 4 个值组成，所以模型呈现出类似周期性信号的规律；但是，在 r 值大于 3.545 之后，Logistic 模型变得越来越复杂；之后，在 $r = 3.830 \sim 3.838$ 时，Logistic 模型再次显示出周期性的变化，仅由 3 个元素组成。在各类熵值分布曲线中，所有新型散布熵均能反映出 Logistic 模型的动态变化。然而，只有波动逆

向散布熵和简易编码散布熵能够反映出 $r = 3.5 \sim 3.545$ 时的整体变化趋势。因此，可以得出结论，相较于其他几类新型散布熵，简易编码散布熵能够更有效地检测时间序列的动态变化。

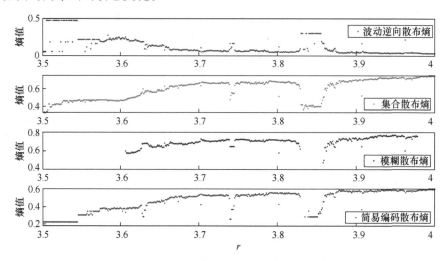

图 3-13　不同 r 值下的 Logistic 模型的各类新型散布熵值分布

3.4　基于新型散布熵的舰船辐射噪声特征提取

为了验证新型散布熵在舰船辐射噪声特征提取领域中的应用，本节对实测的 4 类实测舰船辐射噪声进行了特征提取实验，并通过深入研究和分析，揭示了新型散布熵在舰船辐射噪声特征分析中的重要作用，为舰船声学研究和工程应用提供了有力的支持。

3.4.1　特征提取方法

为了评估各类新型散布熵对舰船辐射噪声的表征能力及分类效果，本节提出了基于新型散布熵的舰船辐射噪声特征提取方法。该方法先对输入信号进行样本划分，随后计算每个样本的各类新型散布熵值以形成特征向量，然后对特征集进行训练集与测试集划分，最后输入分类器获取分类结果。基于新型散布熵的舰船辐射噪声特征提取流程图如图 3-14 所示。

1) 输入若干类别的信号，并对选用的数据片段进行归一化处理；本节选用 4 类实测舰船辐射噪声，截取信号长度为 819200 样本点作为实验数据并进行归一化。

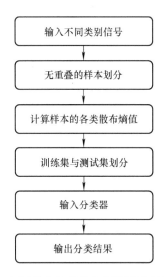

图 3-14 基于新型散布熵的舰船辐射噪声特征提取流程图

2）将每类信号进行样本划分，并且每段样本的样本点数的设置均一致。本节将每类实测舰船辐射噪声无重叠的划分为 200 段样本，每段样本的样本点数均设置为 4096。

3）计算每类信号所有样本的新型散布熵值作为特征矩阵集。

4）按照一定比例将特征矩阵集划分为训练集和测试集。本节的划分比例为 1∶1。

5）将训练集和测试集输入到分类器中，利用训练集对分类器训练，再将其应用于测试集进行信号分类，进而输出最终的分类结果。

3.4.2 实测实验

舰船辐射噪声作为海洋环境中重要的声学特征之一，对于舰船的隐蔽性和安全性具有至关重要的影响。本实验对 4 类实测舰船辐射噪声进行了特征提取和分类实验。这 4 类舰船辐射噪声分别被命名为舰船 1、舰船 2、舰船 3 和舰船 4。每一类舰船辐射噪声的采样频率均为 52.734kHz。本实验从每段船辐射噪声中选取 200 段子信号作为实验数据，每段子信号的长度为 4096 个点，各段子信号之间的重叠率为 0。4 类舰船辐射噪声的时域波形图如图 3-15 所示。

针对每一类舰船辐射噪声，首先计算 200 段样本信号的散布熵及各类新型散布熵值，包括散布熵、波动逆向散布熵、集合散布熵、模糊散布熵、分数阶模糊散布熵（$\alpha=0.1$）和简易编码散布熵。涉及的参数中，类别数 c 均取 4，嵌入维数 m 均取 3，映射方式均为 NCDF。图 3-16 给出了不同类别的舰船辐射噪

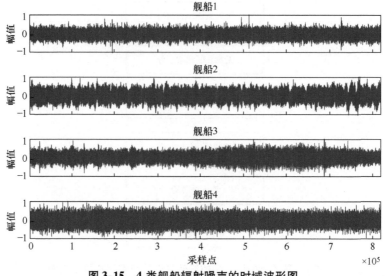

图3-15 4类舰船辐射噪声的时域波形图

声样本下6种熵的特征分布小提琴图。

图3-16中，除了波动逆向散布熵呈逆趋势外，其余5类熵的特征分布相似，存在难以区分舰船1和舰船2、舰船3和舰船4的问题。具体而言，波动逆向散布熵的特征分布较为散乱，表现出较差的特征稳定性；模糊散布熵和分数阶模糊散布熵的特征分布相对稳定，但舰船1和舰船2之间的均值和分布非常接近，小提琴图几乎重叠，导致难以有效区分两者，其可分性较差；集合散布熵和简易编码散布熵的特征分布中，舰船1和舰船2以及舰船3和舰船4之间只有少量样本重叠，但相比于集合散布熵，简易编码散布熵的特征分布更为分散，稳定性不如集合散布熵。

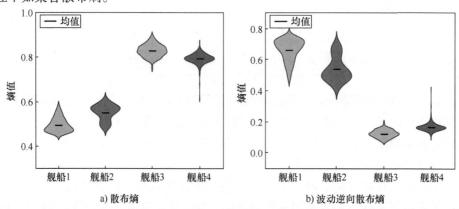

图3-16 不同类别的舰船辐射噪声样本下6种熵的特征分布小提琴图

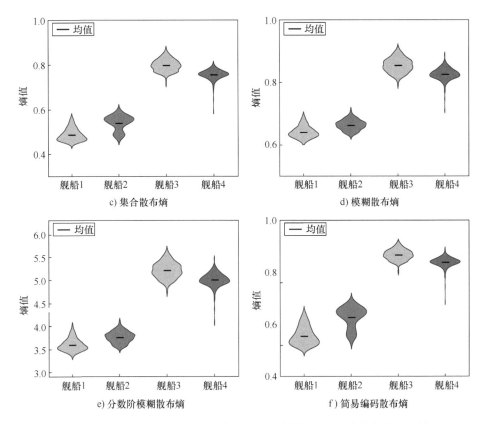

图 3-16 不同类别的舰船辐射噪声样本下 6 种熵的特征分布小提琴图（续）

为了更直观地证明新型散布熵在舰船辐射噪声特征提取中的有效性，本实验引入了 k 近邻分类器，并通过识别率来更直观地表明两者的优势。k 近邻分类器是一种基于实例学习的分类方法，通过将新的未知样本与已知样本进行比较，找到距离新样本最近的 k 个已知样本，并利用它们的标签进行分类。通过比较各类特征提取方法的识别率，更直观地评估新型散布熵在舰船辐射噪声特征提取中的有效性。

基于不同特征提取方法的舰船辐射噪声识别率如表 3-1 所示。除散布熵和模糊散布熵之外，其他新型散布熵方法的识别率均有所提升。其中，集合散布熵以综合多种映射函数的方式达到了 69.75% 的识别率，超过了其他特征提取方法。这表明选取映射函数并非一成不变的，正态累积分布映射并不能准确地反映舰船辐射噪声的复杂程度。另外，简易编码散布熵的区分效果则仅次于集合散布熵，取得了 67.75% 的识别率。它通过引入简易二次分区的思想，对散布熵中的模式序列进一步细分，在一定程度上提高了特征的可分性。

表 3-1 基于不同特征提取方法的舰船辐射噪声识别率

熵指标	识别率(%)
散布熵	63.25
波动逆向散布熵	64.25
集合散布熵	69.75
模糊散布熵	62.00
分数阶模糊散布熵	60.75
简易编码散布熵	67.75

为了进一步验证各类新型散布熵的可分性，首先对所有样本进行打乱处理，之后引入鉴别分类器和随机森林分类器用于比较研究，其余步骤保持不变。通过将上述步骤重复执行 50 次，得到的不同分类器下各类散布熵的舰船辐射噪声识别率如表 3-2 所示。

表 3-2 不同分类器下各类散布熵的舰船辐射噪声识别率（%）

分类器	k 近邻分类器	鉴别分类器	随机森林分类器
散布熵	73.00	74.00	68.50
波动逆向散布熵	73.25	76.00	71.25
集合散布熵	77.00	76.25	69.75
模糊散布熵	68.5	73.25	62.75
分数阶模糊散布熵	69.25	73.00	64.00
简易编码散布熵	73.00	76.25	73.00

根据表 3-2 所示的数据，可得出以下结论：在对样本进行打乱后，各种特征提取方法的识别率均有所提高。在 k 近邻分类器中，集合散布熵仍然表现出最佳的分类识别效果。然而，在鉴别分类器中，简易编码散布熵与集合散布熵的可分性相当，识别率都达到了 76.25%。而在随机森林分类器中，简易编码散布熵的识别率最高，达到了 73%。综合上述结果可见，在不同的分类器下，各种特征提取方法的识别率不同。综上所述，单一特征下的各类新型散布熵对舰船辐射噪声的识别率均低于 80%，无法满足海洋目标精准识别需求。因此，为了进一步改善舰船辐射噪声的识别精度，有必要开展基于散布熵的多尺度及多模态特征提取研究，以期获得更为准确和可靠的识别效果。

3.5 小结

本章介绍非线性动力学特征散布熵与其一系列的改进算法。然后，为了验证各种新型散布熵算法的动态检测能力，开展了3组仿真信号实验。此外，将新型散布熵算法应用在舰船辐射噪声特征提取领域，实验结果进一步证明了新型散布熵的在特征提取的可行性。本章主要内容如下：

（1）详细介绍了各种新型散布熵的基本原理，包括波动散布熵、逆向散布熵、波动逆向散布熵、集合散布熵、模糊散布熵、分数阶模糊散布熵与简易编码散布熵。这些新型散布熵从不同角度对散布熵的信息表征能力进行了改善，为信号特征提取提供了丰富且有效的复杂度算法。

（2）开展了调幅啁啾信号、MIX信号与Logistic模型的仿真实验，以此验证新型散布熵的动态检测能力。仿真实验结果表明，所有新型散布熵算法均能够反映出不同信号的复杂度变化趋势。其中简易编码散布熵具有最突出的动态检测能力。以上实验证实了新型散布熵在复杂度动态检测方面的优越性能。

（3）提出了基于新型散布熵的特征提取方法，并将其应用于舰船辐射噪声的特征提取。实测实验结果表明，集合散布熵与简易编码散布熵具有更强的可分性，结合不同的分类器其对不同舰船辐射噪声的识别效果均优于其他新型散布熵。实验结果进一步展现了其在水声信号分析与特征提取的有效性与广阔的应用前景。

第4章 基于新型斜率熵的特征提取方法

斜率熵是新提出的一种衡量时间序列复杂性指标,已广泛应用于机械、医学和水声领域,并表现出了优越的性能。本章以斜率熵为基础,对近年来的一些新型斜率熵算法进行了介绍;并结合仿真和实测数据,对这些新型斜率熵的性能进行比较研究,验证新型斜率熵在信号特征提取中的可行性。

4.1 斜率熵

斜率熵(slope entropy,SloEn)[26]是2019年提出的一种新的熵估计器,基于时间序列的符号模式和幅度信息来运算熵值。其中每个符号是根据输入时间序列的连续样本之间的差异来划分的。斜率熵算法计算过程简单、易懂,具体计算步骤如下:

(1) 对于一个序列 $X = \{x_i, i = 1,2,3,\cdots,N\}$,根据嵌入维数 m 将序列 X 分成 $N-m+1$ 个子序列 X_k,公式为

$$X_k = \{x_k, x_{k+1}, \cdots, x_{k+m-1}\} \quad k=1,2,3,\cdots,N-m+1 \quad (4\text{-}1)$$

(2) 利用两个阈值参数 γ 和 δ 来划分子序列中两个连续样本 $x_{i+1}-x_i$ 之间的符号(+2,+1,0,-1,-2)。图4-1所示为斜率熵符号分配图。

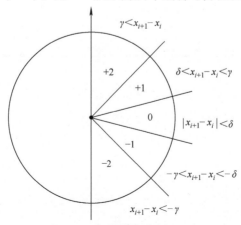

图 4-1 斜率熵符号分配图

具体的分配原则为，当 $x_{i+1}-x_i>\gamma$ 时，划分符号为 +2；当 $\delta<x_{i+1}-x_i<\gamma$ 时，划分符号为 +1；当 $|x_{i+1}-x_i|\leq\delta$ 时，划分符号为 0；当 $-\gamma<x_{i+1}-x_i<-\delta$ 时，划分符号为 -1；当 $x_{i+1}-x_i<-\gamma$ 时，划分符号为 -2。其中 $\gamma>\delta>0$。

（3）经符号划分后得到的符号模式序列分别为 $M_1=\{y_1,y_2,\cdots,y_{m-1}\}$，$M_2=\{y_2,y_3,\cdots,y_m\}$，$\cdots$，$M_k=\{y_k,y_{k+1},\cdots,y_{N-1}\}$。其中，$y_1,y_2,\cdots,y_{N-1}$ 分别是 $x_2-x_1,x_3-x_2,\cdots,x_N-x_{N-1}$ 经过步骤（2）符号划分后得到的，且 $k=N-m+1$。

（4）符号模式序列共有 $n=5^{m-1}$ 种类型，统计每种符号模式序列的个数分别为 $S_1,S_2,\cdots,S_n$。因此，每种符号模式序列出现的概率分别为 $P_1=\dfrac{S_1}{k},P_2=\dfrac{S_2}{k},\cdots,P_n=\dfrac{S_n}{k}$。

（5）根据香农熵的基本定义，斜率熵可定义为

$$\text{SloEn}(X,m,\gamma,\delta)=-\sum_{i=1}^n P_i\ln P_i \tag{4-2}$$

式中，SloEn 为斜率熵值。斜率熵的计算流程图如图 4-2 所示。

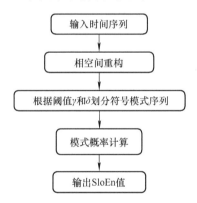

图 4-2　斜率熵的计算流程图

斜率熵的算法特性与嵌入维数 m 及阈值 γ 和 δ 的选取紧密相关。嵌入维数 m 过大，会使算法计算时间加长，m 变小会使算法对突变性信号的灵敏程度减弱；阈值参数 γ 和 δ 用来划分子序列的符号模式，这会对熵值大小产生影响。因此，分别以白噪声、粉噪声和蓝噪声为实验对象，针对每类噪声随机生成 50 段独立的样本，每段样本 2048 个采样点，通过以下仿真分析来探究嵌入维数 m 及阈值 γ 和 δ 对算法特性的影响。

下面对嵌入维数 m 进行讨论。不同嵌入维数 m 下 3 类噪声斜率熵值的均值及标准差如图 4-3 所示，其余参数设置为 $\gamma=0.1$ 和 $\delta=0.001$。如图 4-3 所示，

随着 m 的增加，各类噪声的斜率熵整体呈上升趋势，m 的变化明显会改变斜率熵的可分性及稳定性。因此，可以得出结论，m 对斜率熵的影响明显。

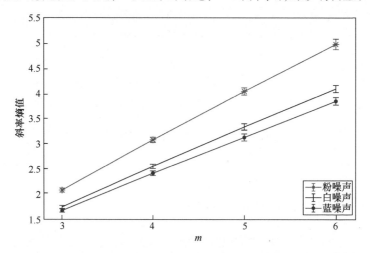

图 4-3　不同嵌入维数 m 下 3 类噪声的斜率熵值的均值及标准差

下面，对阈值参数 γ 的影响进行讨论。不同阈值参数 γ 下 3 类噪声斜率熵值的均值及标准差如图 4-4 所示，其余参数分别设置为 $m=4$ 和 $\delta=0.001$。如图 4-4 所示，随着 γ 不断增大，斜率熵整体呈现上升趋势，γ 的改变能明显改变熵的可分性和稳定性。因此，可以得出结论，参数 γ 的选取对于斜率熵的可分性及稳定性有很大影响。

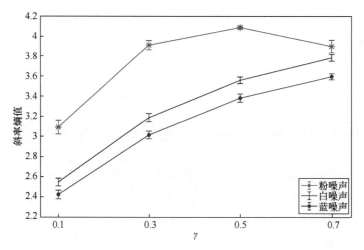

图 4-4　不同阈值 γ 下 3 类噪声的斜率熵值的均值及标准差

下面，对阈值 δ 参数的作用进行讨论。不同阈值参数 δ 下 3 类噪声斜率熵值的均值及标准差如图 4-5 所示，其余参数设置为 $m=4$ 和 $\gamma=0.8$（$\gamma>\delta$）。如图 4-5 所示，随着 δ 不断增大，3 类噪声的斜率熵整体呈现下降趋势，δ 也能明显改变熵的稳定性和可分性。因此，可以得出结论，参数 δ 和 γ 一样，其阈值的选取对于斜率熵的稳定性和可分性有很大影响。

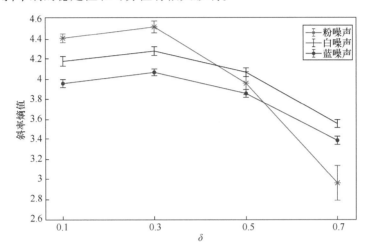

图 4-5　不同阈值 δ 下 3 类噪声的斜率熵值的均值及标准差

4.2　新型斜率熵

4.2.1　单阈值斜率熵

为进一步简化斜率熵算法，单阈值斜率熵（single threshold slope entropy, StSloEn）[29]算法于 2022 年被提出。它通过阈值 γ 来划分符号模式，这不仅进一步减少了计算时间，而且对分类精度没有负面影响。单阈值斜率熵的具体计算步骤如下：

（1）对于一个序列 $X=\{x_i, i=1,2,3,\cdots,N\}$，根据嵌入维数 m 将序列 X 分成 $N-m+1$ 个子序列 X_k，公式为

$$X_k = \{x_k, x_{k+1}, \cdots, x_{k+m-1}\} \qquad k=1,2,3,\cdots,N-m+1 \qquad (4\text{-}3)$$

（2）利用阈值参数 γ 来划分子序列中两个连续样本 $x_{i+1}-x_i$ 之间的符号（$+2, +1, -1, -2$）。图 4-6 所示为单阈值斜率熵符号分配图。

具体的分配原则为，当 $\gamma < x_{i+1}-x_i$ 时，划分符号为 $+2$；当 $0 < x_{i+1}-x_i < \gamma$ 时，划分符号为 $+1$；当 $-\gamma < x_{i+1}-x_i < 0$ 时，划分符号为 -1；当 $x_{i+1}-x_i < -\gamma$

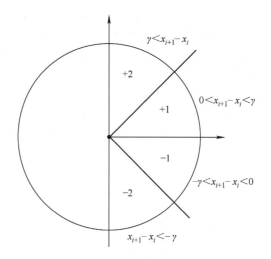

图 4-6 单阈值斜率熵符号分配图

时,划分符号为 -2。其中,$\gamma > 0$。

(3) 分配好符号后得到的符号模式序列分别为 $M_1 = \{y_1, y_2, \cdots, y_{m-1}\}$,$M_2 = \{y_2, y_3, \cdots, y_m\}$,$\cdots$,$M_k = \{y_k, y_{k+1}, \cdots, y_{N-1}\}$。其中,$y_1, y_2, \cdots, y_{N-1}$ 分别是 $x_2 - x_1, x_3 - x_2, \cdots, x_N - x_{N-1}$ 经过步骤(2)符号划分后得到的,且 $k = N - m + 1$。

(4) 符号模式序列共有 $n = 4^{m-1}$ 种类型,统计每种符号模式序列的个数分别为 $S_1, S_2, \cdots, S_n$。因此,每种符号模式序列出现的概率分别为 $P_1 = \dfrac{S_1}{k}$,$P_2 = \dfrac{S_2}{k}, \cdots, P_n = \dfrac{S_n}{k}$。

(5) 根据香农熵的基本定义,单阈值斜率熵可定义为

$$\mathrm{StSloEn}(X, m, \gamma) = -\sum_{i=1}^{n} P_i \ln P_i \tag{4-4}$$

式中,$\mathrm{StSloEn}(X, m, \gamma)$ 为单阈值斜率熵值。

4.2.2 分数阶斜率熵

由于传统的斜率熵只能反映待测信号整数阶微积分下的局部特征,为了更全面地反映待测信号的有效信息,在斜率熵的基础上,引入分数阶的概念,提出了分数阶斜率熵(fractional slope entropy,SloEn_α)[27]。分数阶斜率熵的具体计算步骤如下:

(1) 对于一个序列 $X = \{x_i, i = 1, 2, 3, \cdots, N\}$,根据嵌入维数 m 将序列 X 分成 $N - m + 1$ 个子序列 X_k,公式为

$$X_k = \{x_k, x_{k+1}, \cdots, x_{k+m-1}\} \quad k = 1, 2, 3, \cdots, N-m+1 \tag{4-5}$$

（2）利用两个阈值参数 γ 和 δ 来划分子序列中两个连续样本 $x_{i+1} - x_i$ 之间的符号（+2，+1，0，-1，-2），图 4-7 所示为分数阶斜率熵符号分配图。

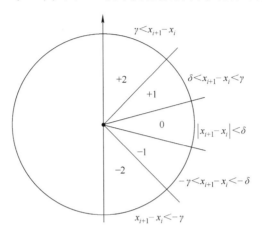

图 4-7　分数阶斜率熵符号分配图

具体的分配原则为，当 $\gamma < x_{i+1} - x_i$ 时，划分符号为 +2；当 $\delta < x_{i+1} - x_i < \gamma$ 时，划分符号为 +1；当 $|x_{i+1} - x_i| < \delta$ 时，划分符号为 0；当 $-\gamma < x_{i+1} - x_i < -\delta$ 时，划分符号为 -1；当 $x_{i+1} - x_i < -\gamma$ 时，划分符号为 -2。其中，$\gamma > \delta > 0$。

（3）分配好符号后得到的符号模式序列分别为 $M_1 = \{y_1, y_2, \cdots, y_{m-1}\}$，$M_2 = \{y_2, y_3, \cdots, y_m\}$，$\cdots$，$M_k = \{y_k, y_{k+1}, \cdots, y_{N-1}\}$。其中，$y_1, y_2, \cdots, y_{N-1}$ 分别是 $x_2 - x_1, x_3 - x_2, \cdots, x_N - x_{N-1}$ 经过步骤（2）符号划分后得到的，且 $k = N - m + 1$。

（4）符号模式序列共有 $n = 5^{m-1}$ 种类型，统计每种符号模式序列的个数分别为 $S_1, S_2, \cdots, S_n$。因此，每种符号模式序列出现的概率分别为 $P_1 = \dfrac{S_1}{k}$，$P_2 = \dfrac{S_2}{k}, \cdots, P_n = \dfrac{S_n}{k}$。

（5）根据香农熵的基本定义，斜率熵可定义为

$$\text{SloEn}(X, m, \gamma, \delta) = -\sum_{i=1}^{n} P_i \ln P_i \tag{4-6}$$

式中，SloEn 为斜率熵值。

（6）香农熵是第一个考虑分数微积分的熵，其广义表达式为

$$\text{ShannonEn}_\alpha = \sum_{i=1} R_i \left\{ \frac{R_i^{-\alpha}}{\Gamma(\alpha+1)} [\ln R_i + \psi(1) - \psi(1-\alpha)] \right\} \tag{4-7}$$

式中，α 为分数阶导数；$\Gamma(\ )$ 和 $\psi(\ )$ 分别为 gamma 函数和 digamma 函数。此外，α 阶的分数阶信息可以表示为

$$I_\alpha = -\frac{R_i^{-\alpha}}{\Gamma(\alpha+1)}[\ln R_i + \psi(1) - \psi(1-\alpha)] \tag{4-8}$$

（7）通过使用分数阶信息的概念，则分数阶斜率熵可定义为

$$\mathrm{SloEn}_\alpha(X,m,\gamma,\delta,\alpha) = \sum_{i=1}^n P_i \left\{ \frac{P_i}{\Gamma(\alpha+1)}[\ln P_i + \psi(1) - \psi(1-\alpha)] \right\} \tag{4-9}$$

由于分数阶斜率熵中分数阶 α 的选取仍会对熵值产生较大的影响，分别以白噪声、粉噪声和蓝噪声为实验对象，针对每类噪声随机生成 50 段独立的样本，每段样本 2048 个采样点，则不同分数阶 α 下 3 类噪声的斜率熵值的均值及标准差如图 4-8 所示。如图 4-8 所示，随着 α 不断增大，斜率熵的熵值逐渐递减，且白噪声和蓝噪声的熵值曲线非常接近。因此，可以得出结论，分数阶 α 的选取明显影响了斜率熵的可分性和稳定性。

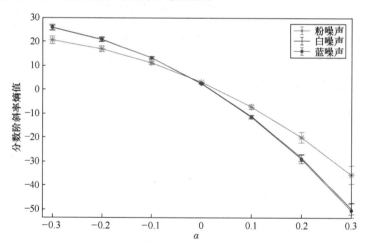

图 4-8　不同分数阶 α 下 3 类噪声的斜率熵值的均值及标准差

4.2.3　优化斜率熵

由于斜率熵的阈值 γ 和 δ 会影响熵值，从而影响特征提取的效果。为进一步克服阈值参数的选择问题，以正确分类样本的识别率为适应度函数，采用蛇优化算法对斜率熵的阈值参数进行优化，并提出了一种新的熵指标，命名为优化斜率熵（optimized slope entropy，OSloEn）[30]。优化斜率熵的计算流程图如图 4-9 所示。其具体计算步骤如下：

(1) 设置斜率熵阈值 γ 和 δ 的优化范围。

(2) 初始化蛇优化算法中的参数,如种群规模,迭代次数等。

(3) 计算每个个体的适应度函数。其中,适应度函数为最终正确分类样本的识别率。第 i 个个体的适应度函数 $\text{fitness}(i)$ 可表示为

$$\text{fitness}(i) = 1 - \frac{m_i}{m_c + m_i} \tag{4-10}$$

式中,m_i 为错误分类样本数;m_c 为正确分类样本数。

(4) 在种群中找到具有当前最优适应度函数的个体。

(5) 重复执行步骤(3)和步骤(4),直至迭代次数达到预设值,输出最佳的阈值 γ 和 δ。

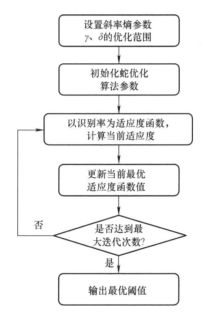

图 4-9　优化斜率熵的计算流程图

本节采用蛇优化算法对斜率熵的两个阈值进行优化。其中蛇优化算法是 2022 年提出的一种基于蛇交配行为的新的元启发式优化算法,具有良好的全局探索能力和收敛速度。为了进一步验证优化斜率熵算法的优越性,选择 50 个独立的粉噪声、白噪声和蓝噪声进行比较实验。其中每个噪声信号有 4096 个采样点,嵌入维数 m 为 4。计算 3 种类型噪声的 3 组斜率熵。其中,前两组阈值 γ 和 δ 是手动选择的,分别为 $(0.1, 0.001)$ 和 $(0.8, 0.2)$;第三组是阈值是经过蛇优化算法优化得到的。图 4-10 所示为 3 类噪声在不同阈值下的斜率熵的特征分布小提琴图。如图 4-10 所示,对于优化斜率熵,明显能区分 3 类噪声信号;但是

对于其他两组手动选择阈值的斜率熵,总存在两类噪声之间有明显重叠的情况。因此,可以得出结论,相比于固定阈值下的斜率熵,优化斜率熵能明显提高噪声信号的区分能力。

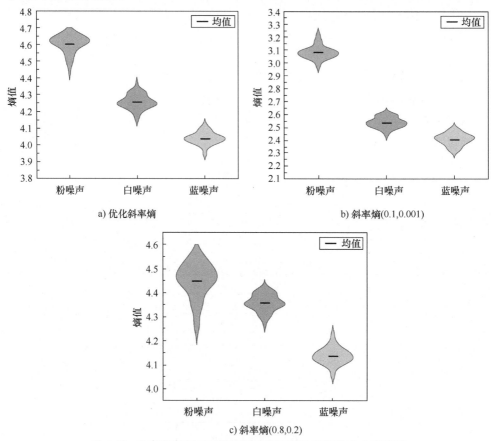

图 4-10　3 类噪声在不同阈值下的斜率熵的特征分布小提琴图

4.3　新型斜率熵仿真实验

为了深入理解和评估不同类型的新型斜率熵,本节通过两类仿真信号的分类实验,模拟和分析各种连续信号的新型斜率熵,并比较它们在不同情境下的表现。通过这些仿真实验,深入了解新型斜率熵的特性,并为实际应用中的数据处理和决策提供更准确的工具和指导。所比较的新型斜率熵熵包括斜率熵、单阈值斜率熵、分数阶斜率熵及优化斜率熵。涉及的参数中,嵌入维数 m 均取 4,δ 取 0.1,γ 取 0.001,分数阶 α 取 0.1,而优化斜率熵的阈值由蛇优化算法优化得到。

4.3.1 噪声信号分类实验

本实验选用 50 个独立的粉噪声、白噪声和蓝噪声进行比较实验，每个噪声信号有 4096 个采样点。通过计算 3 类噪声的熵值，以此来检验各类新型斜率熵区分检噪声信号的能力。图 4-11 所示为 3 类噪声在不同斜率熵下的特征分布小提琴图。如图 4-11 所示，4 种斜率熵均能对噪声信号进行区分。相比于其他 3 种熵，优化斜率熵的区分能力更强；斜率熵和单阈值斜率熵不能够完全区分白噪声和蓝噪声；由于分数阶的影响，分数阶斜率熵的区分能力较差。综上，部分新型斜率熵可被用于区分不同类型的噪声信号，为实际应用中的数据处理和决策提供帮助。

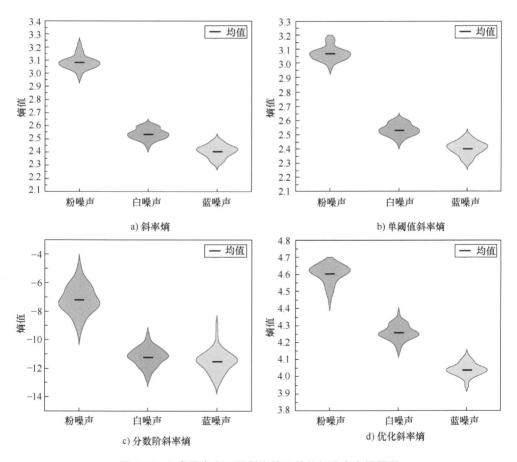

图 4-11 3 类噪声在不同斜率熵下的特征分布小提琴图

4.3.2 混沌信号分类实验

本实验选用 3 类混沌信号（Chen、Lorenz 和 Rossler）来进一步验证斜率熵区分时间序列的能力。其中，对每一类混沌信号截取 50 个样本，每个样本包含 4096 个采样点。图 4-12 所示为 3 类混沌信号在不同斜率熵下的特征分布小提琴图。如图 4-12 所示，4 种斜率熵均能在不同程度上对混沌信号进行区分。其中，优化斜率熵的效果最好；和噪声信号的分类实验一样，分数阶斜率熵受分数阶

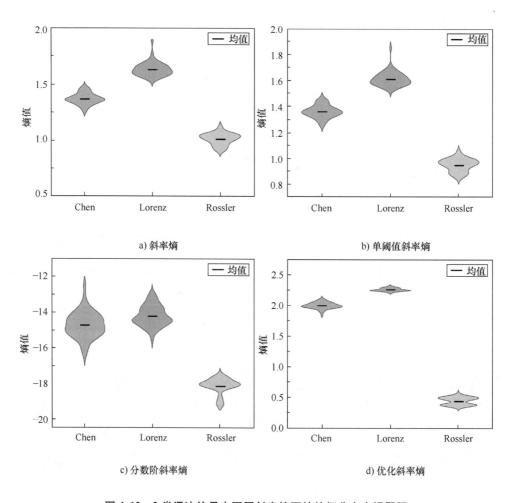

图 4-12　3 类混沌信号在不同斜率熵下的特征分布小提琴图

的影响，区分能力较差。综上，部分新型斜率熵也可被用于区分不同类型的混沌信号，这进一步证明了斜率熵区分时间序列的能力。

4.4 新型斜率熵应用研究

为了验证新型斜率熵在信号特征提取领域中的应用，本节以实测的 4 类舰船辐射噪声为实验对象，进行了特征提取实验。通过结果分析证明了新型斜率熵在信号特征分析中的重要作用。

4.4.1 特征提取方法

为了评估各类新型斜率熵对舰船辐射噪声的表征能力及分类效果，本节提出了基于新型斜率熵的舰船辐射噪声特征提取方法。基于新型斜率熵的特征提取流程图如图 4-13 所示。具体的特征提取步骤如下：

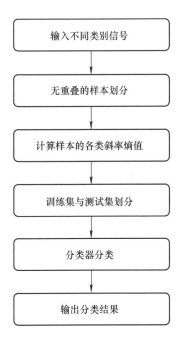

图 4-13 基于新型斜率熵的特征提取流程图

（1）输入不同类别的信号，并对选用的数据片段进行归一化处理。本节选用 4 类舰船辐射噪声，截取信号长度为 819200 样本点作为实验数据并进行归一化。

（2）将每类信号进行样本划分，并且每段样本的样本点数的设置均一致。本节将每类舰船辐射噪声无重叠地划分为 200 段样本，每段样本的样本点数均设置为 4096。

（3）计算每类信号所有样本的斜率熵值作为特征矩阵集。

（4）按照一定比例将特征矩阵集划分为训练集和测试集。本节的划分比例为 1∶1。

（5）将训练集和测试集输入到分类器，利用训练集对分类器训练，再将其应用于测试集进行信号分类，进而输出最终的分类结果。

4.4.2 实测实验

本实验对 4 类实测舰船辐射噪声进行了特征提取和分类实验。对于由舰船 A、舰船 B、舰船 C 和舰船 D 4 类舰船辐射噪声样本组成的数据集，分别选取 200 个样本作为实验数据。其中，每个样本包含 4096 个采样点，采样频率为 44.1kHz，各段子信号之间的重叠率为 0。4 类实测舰船辐射噪声归一化后的时域波形图如图 4-14 所示。

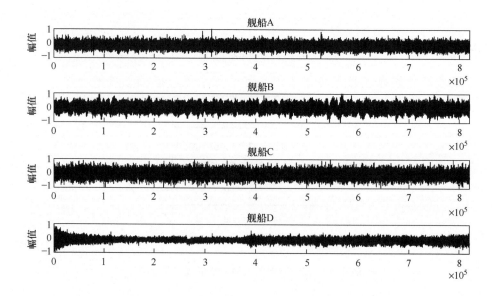

图 4-14　4 类实测舰船辐射噪声归一化后的时域波形图

分别计算 4 类舰船辐射噪声的斜率熵、单阈值斜率熵、分数阶斜率熵及优化斜率熵。为了方便比较，对于各种斜率熵，嵌入维数 m 均取 4，δ 取 0.1，γ 取 0.001，分数阶 α 取 0.1；优化斜率熵的阈值由蛇优化算法以最终的分类识别率为目标函数优化得到的。为了更直观地展示不同斜率熵之间的性能差异，4 类舰船信号在 4 种斜率熵下的特征分布如图 4-15 所示。

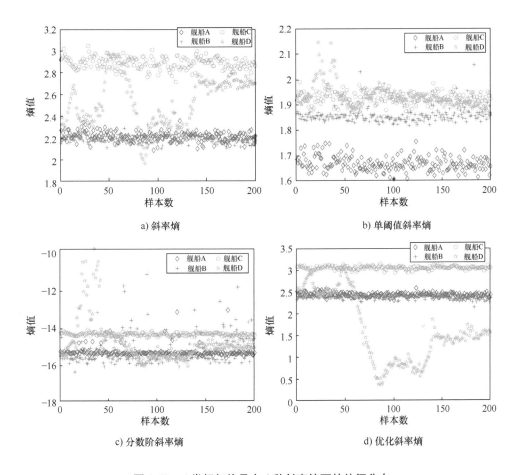

图 4-15　4 类舰船信号在 4 种斜率熵下的特征分布

如图 4-15 所示，对于这 4 种斜率熵，不同类型舰船信号的熵值分布都是比较混乱的，不同类别的舰船信号之间存在明显的重叠，无法进行有效识别。具体而言，对于原始斜率熵、分数阶斜率熵以及优化斜率熵这 3 种方法，舰船 A 和舰船 B 的熵值差异十分微小，存在较多的重叠部分，难以进行有效区分。此外，在单阈值斜率熵下，舰船 C 与舰船 D 的熵值分布相近，同样难以进行有效区分。此外,对于这4种熵,舰船信号D中的部分样本熵值分布比较发散,进一步增加了区分难度。综上所述,这4种斜率熵在区分4类舰船信号方面表现不佳,存在一定的局限性。

为了进一步验证不同类型斜率熵的识别效果,选取其中100个作为训练样本,剩余100个作为测试样本,即训练样本和测试样本的比值为1∶1。然后采用k近邻分类器进行分类,得到的噪声识别率如表4-1所示。

表4-1　基于不同特征提取方法的舰船辐射噪声识别率

熵指标	识别率（%）
斜率熵	67.5
单阈值斜率熵	70.2
分数阶斜率熵	64.5
优化斜率熵	83.0

如表4-1所示,这4类舰船辐射噪声在不同斜率熵特征下的识别率普遍不高。其中,基于优化斜率熵展现出了相对较高的性能,识别率达到了83.0%;基于分数阶斜率熵的识别率却表现不佳,仅为64.5%。这一结果的产生可能源于分数阶斜率熵的固有特性,其对识别率的负面影响较为显著。鉴于当前识别率普遍偏低的状况,后续的研究将考虑采用多特征方法,进一步提升舰船辐射噪声的识别效果。

4.5　小结

本章首先介绍一种新的非线性动力学特征——斜率熵,在此基础上详细阐述了多种斜率熵的改进算法。然后,为了验证新型斜率熵算法的有效性,开展了一系列仿真信号实验。此外,也深入研究了新型斜率熵算法在舰船辐射噪声特征提取领域的应用前景。主要的研究内容如下:

(1) 详细阐述了多种新型斜率熵的基本原理,包括单阈值斜率熵、分数阶斜率熵以及优化斜率熵,为后续的信号分析和特征提取工作奠定了重要的算法基础。

(2) 开展了基于新型斜率熵的噪声信号分类实验和混沌信号分类实验。仿真实验结果表明,部分新型斜率熵算法能够准确地区分不同类型的噪声信号和混沌信号，从而验证了斜率熵在区分时间序列数据方面的卓越能力，进一步证实了其理论上的有效性和实用性。

（3）提出了基于新型斜率熵的特征提取方法，并将其应用于舰船辐射噪声的特征提取。实测实验结果表明，新型斜率熵算法在舰船辐射噪声特征提取方面的识别率可达到 83.0%，充分证明了其在水声领域的潜力和应用价值。

第 5 章 基于新型 Lempel-Ziv 复杂度特征的特征提取方法

LZC 是检测非线性信号动态变化的重要指标之一，自提出以来就被广泛应用于生物医学、故障诊断和水声等领域。本章以 LZC 为基础，对一些新型 LZC 算法进行了介绍，并结合仿真和实测数据，对这些新型 LZC 的性能进行评估，验证新型 LZC 在水声信号特征提取的可行性。

5.1 新型 Lempel-Ziv 复杂度

传统的 LZC 评估信号复杂度主要通过二进制转换将时间序列转换为 0-1 序列，但是简单的 0-1 序列会失去该原始序列的一些信息。因此，新型 LZC 对 LZC 的二进制转换进行了替换，减少了信息损失。新型 LZC 主要包括排列模式 LZC、散布 LZC 与散布模式 LZC。

5.1.1 排列模式 Lempel-Ziv 复杂度

排列模式 LZC[41]用排列熵中的排列模式取代了 LZC 的二进制转换，利用相邻元素之间的顺序关系，提高了 LZC 的抗干扰能力与信息表征能力。排列模式 LZC 的具体计算步骤如下：

（1）对于一个长度为 N 的时间序列 $X = \{x_i, i = 1,2,3,\cdots,N\}$，根据排列熵的计算步骤对序列进行相空间重构，将序列 X 分解为 $N-(m-1)\tau$ 个子序列构成的相空间为

$$\begin{bmatrix} x_1 & x_{1+\tau} & \cdots & x_{1+(m-1)\tau} \\ x_2 & x_{2+\tau} & \cdots & x_{2+(m-1)\tau} \\ \vdots & \vdots & & \vdots \\ x_{N-(m-1)\tau} & x_{N-(m-2)\tau} & \cdots & x_N \end{bmatrix} \tag{5-1}$$

式中，m 为嵌入维数；τ 为时间延迟。

（2）针对每一个子序列，根据当前子序列中各个元素的大小进行赋值，最

小的置为1,最大的置为m,如果有值相等则前面的元素小于后者。这样可以对原始的每一个子序列进行转换,得到一个由$1 \sim m$的整数所组成的新序列。

(3) 对每一个子序列进行标签化处理,根据该子序列的排列模式来赋予一个新的值,得到一个新序列$Z = \{z_1, z_2, \cdots, z_{N-(m-1)\tau}\}$。比如嵌入维数为3时,共有3! =6种排列模式,对应关系为$\{1,2,3\} = 1$,$\{1,3,2\} = 2$,$\{2,1,3\} = 3$,$\{2,3,1\} = 4$,$\{3,1,2\} = 5$,$\{3,2,1\} = 6$。同时,需要注意的是,序列的长度也由N变为了$N - (m-1)\tau$。图5-1所示为$m = 3$时的排列模式标签对应关系。

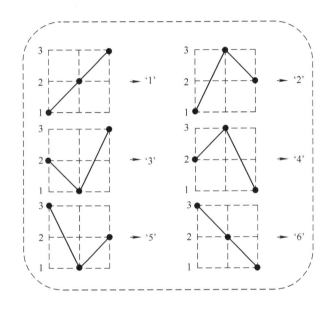

图 5-1 $m = 3$ 时的排列模式标签对应关系

(4) 根据本书2.3节中LZC的计算步骤,计算新序列$Z = \{z_1, z_2, \cdots, z_{N-(m-1)\tau}\}$的$cv$值。

(5) 为了避免时间序列长度对复杂度值的影响,需要对步骤(4)得到的值进行归一化,步骤如下:

$$\text{PLZC} = \frac{cv}{C_{\text{UL}}} \tag{5-2}$$

$$C_{\text{UL}} = \lim_{N \to \infty} cv \approx \frac{N - (m-1)\tau}{\log_{m!}^{N-(m-1)\tau}} \tag{5-3}$$

需要注意的是,序列的长度缩减为了$N - (m-1)\tau$,模式类别的数量也从传统LZC中的2类变为了$m!$类。

与本书3.1节中的方法类似,以白噪声、粉噪声和蓝噪声为实验数据,每类噪声随机生成50段独立的样本,每段样本2048个采样点,对排列模式LZC中参数嵌入维数 m 的作用进行比较。图5-2所示为不同类别数 c 下3类噪声排列模式LZC值的均值及标准差。如图5-2所示,可以看出随嵌入维数 m 的增大,排列模式LZC值的整体呈现下降趋势,并且标准差都有所减小。此外,只有在 $m=2$ 与 $m=4$ 时,3类噪声可以被完全的区分开。由此可见,嵌入维数 m 取2或4时,排列模式LZC的稳定性与可分性最好,因此嵌入维数 m 取值建议取2或4。

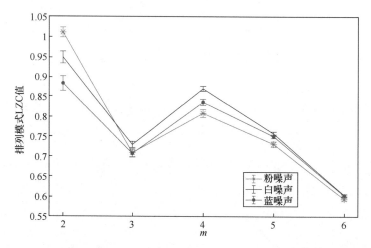

图5-2 不同类嵌入维数 m 下3类噪声排列模式LZC值的均值及标准差

5.1.2 散布Lempel-Ziv复杂度

散布LZC[42]用散布熵的正态累积分布函数(NCDF)代替LZC的二进制转换,进一步考虑了信号振幅之间的关系,使其具有更好的稳定性和更高的计算效率。散布LZC的具体计算步骤如下:

(1) 对于一个给定的时间序列 $X=\{x_i, i=1,2,3,\cdots,N\}$,采用NCDF对初始时间序列进行映射,公式为

$$y_i = \frac{1}{\sigma\sqrt{2\pi}}\int_{-\infty}^{x_i} e^{-\frac{(t-\mu)^2}{2\sigma^2}} dt \tag{5-4}$$

式中,σ 为序列的标准差;μ 为序列的均值;y_i 为经过正态累积分布映射之后得到的第 i 个元素值。

(2) 对步骤(1)得到的序列 $Y=\{y_1,y_2,\cdots,y_N\}$ 进行归一化处理,得到新序列 $Z=\{z_1,z_2,\cdots,z_N\}$。

(3) 通过 round 函数对步骤 (2) 得到的序列元素进行四舍五入取整,转换为 $[1,c]$ 的整数,转换公式为

$$t_i = \text{round}(cz_i + 0.5) \tag{5-5}$$

式中,t_i 为经过函数映射后的第 i 个元素值;c 为元素类别数。

(4) 根据本书 2.3 节的 LZC 的计算步骤,计算新序列 $T = \{t_1, t_2, \cdots, t_N\}$ 的 cv 值。

(5) 为了避免时间序列长度对复杂度值的影响,需要对步骤 (4) 得到的值进行归一化,有

$$\text{DLZC} = \frac{cv}{C_{\text{UL}}} \tag{5-6}$$

$$C_{\text{UL}} = \lim_{N \to \infty} cv \approx \frac{N}{\log_c^N} \tag{5-7}$$

散布 LZC 计算步骤不存在相空间重构,所以不涉及嵌入维数 m。因此,在参数讨论中,只对类别数 c 进行讨论,不同类别数 c 下 3 类噪声散布 LZC 值的均值及标准差如图 5-3 所示,如图 5-3 所示,c 的取值范围为 $[2,6]$ 时,3 类噪声均能被有效分类,但 c 取 2 时粉噪声的标准差比较大;标准差的取值范围为 $[3,6]$ 时,蓝噪声与白噪声标准差变化可以忽略不计,c 的变化并不会改变散布 LZC 的可分性及稳定性。综合分析可知,类别数 c 取值在区间 $[3,6]$ 时对散布 LZC 的影响不明显,建议 c 的取值范围为 $[3,6]$。

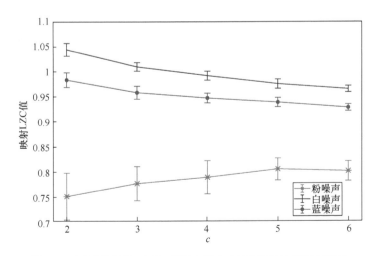

图 5-3 不同类别数 c 下 3 类噪声散布 LZC 值的均值及标准差

5.1.3 散布模式 Lempel-Ziv 复杂度

散布模式 LZC[44]时间序列首先使用正态累积分布映射来增加类别数，减少信息的损失；然后，利用散布熵的散布模式取代 LZC 的二进制转换，从而提高捕捉时间序列动态变化的能力。散布模式 LZC 的具体计算步骤如下：

（1）对于一个给定的初始序列 $X=\{x_i, i=1,2,3,\cdots,N\}$，采用 NCDF，将序列 X 归一化为新序列 $Y=\{y_i, i=1,2,3,\cdots,N\}$，公式为

$$y_i = \frac{1}{\sigma\sqrt{2\pi}} \int_{-\infty}^{x_i} e^{-\frac{(t-\mu)^2}{2\sigma^2}} dt \tag{5-8}$$

式中，σ 为序列的标准差；μ 为序列的均值。

（2）通过设置类别数 c，将序列 Y 转换为一个新序列 Z^c，其元素值也从区间 $[0,1]$ 变为区间 $[1,c]$ 中的整数值，公式为

$$z_i^c = \text{round}(cy_i + 0.5) \tag{5-9}$$

式中，round 为四舍五入取整函数。

（3）通过设定嵌入维数 m 和时间延迟 τ，对序列 Z^c 进行相空间重构，得到 $N-(m-1)\tau$ 个子序列 $U_j^{m,c,\tau}$。每个子序列 $U_j^{m,c,\tau}$ 可以表示为

$$U_j^{m,c,\tau} = \{z_j^c, z_{j+\tau}^c, \cdots, z_{j+(m-1)\tau}^c\} \quad j=1,2\cdots,N-(m-1)\tau \tag{5-10}$$

式中的嵌入维数 m 可以决定子序列 $U_j^{m,c,\tau}$ 的长度；而时间延迟 τ 指原序列中选取元素的间隔，控制着子序列 $U_j^{m,c,\tau}$ 由哪些元素组成。

（4）将每一个子序列 $U_j^{m,c,\tau}$ 按照其散布模式进行划分，并根据其模式类别给定标签。整个序列一共有 c^m 种模式类别，对应着 c^m 种标签号。比如，对于一个给定的序列，其类别数 c 为 3，嵌入维数 m 为 2，所以共有 $c^m=9$ 种散布模式，每一类散布模式与标签的对应关系为，$\{1,1\}\rightarrow1,\{1,2\}\rightarrow2,\{1,3\}\rightarrow3,\{2,1\}\rightarrow4,\{2,2\}\rightarrow5,\{2,3\}\rightarrow6,\{3,1\}\rightarrow7,\{3,2\}\rightarrow8,\{3,3\}\rightarrow9$。图 5-4 给出了 $m=2$、$c=3$ 时的散布模式标签对应方式。

（5）经过标签化处理后，可以得到一个新序列 T。其值由子序列每个 $U_j^{m,c,\tau}$ 对应的标签所组成，并且每个元素的区间都为 $[1,c^m]$，长度也对应子序列 $U_j^{m,c,\tau}$ 的个数，为 $N-(m-1)\tau$。之后，对序列 T 按照 LZC 的计算步骤进行计算，得到其 cv 值。

（6）为了避免时间序列长度的影响，需要对计算得到的 cv 值进行归一化，其归一化公式为

$$\text{DELZC}(X,m,c,\tau) = \frac{cv}{C_{\text{UL}}} \tag{5-11}$$

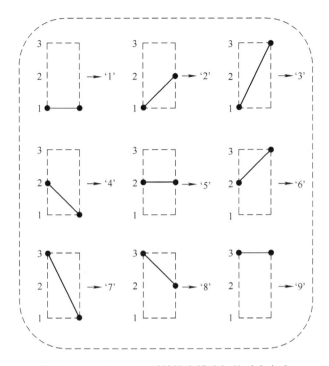

图 5-4　$m=2$、$c=3$ 时的散布模式标签对应方式

$$C_{\text{UL}} = \lim_{N \to \infty} cv \approx \frac{N-(m-1)\tau}{\log_{c^m}^{N-(m-1)\tau}} \tag{5-12}$$

式中，DELZC(X,m,c,τ) 为归一化后的散布模式 LZC 值。

同样，以白噪声、粉噪声和蓝噪声为实验数据，针对每类噪声随机生成 50 段独立的样本，每段样本 2048 个采样点，对散布模式 LZC 中各类参数的作用进行比较，涉及的参数包括类别数 c 与嵌入维数 m。

首先，对类别数 c 进行讨论。不同类别数 c 下 3 类噪声散布模式 LZC 值的均值及标准差如图 5-5 所示，其余参数设置为 $m=4$。如图 5-5 所示，c 在区间 $[2,4]$ 内变化时，均能准确地区分 3 类噪声，并且标准差的变化也十分细微，说明 c 在区间 $[2,4]$ 内变化并不会改变散布模式 LZC 的可分性及稳定性；c 取 5 或 6 时白噪声的标准差有所减小，但蓝噪声与白噪声出现了重叠，说明散布模式 LZC 的可分性变差。因此，可以得出结论，c 取值在区间 $[2,4]$ 时散布模式 LZC 的性能达到最优，建议 c 的取值范围为 $[2,4]$。

其次，对嵌入维数 m 的作用进行讨论。不同嵌入维数 m 下 3 类噪声散布模式 LZC 值的均值及标准差如图 5-6 所示，其余参数设置为 $c=4$。如图 5-6 所示，m 取 2 或 3 时，能对 3 类噪声进行有效分类；当 m 取值在区间 $[4,6]$ 时，各类

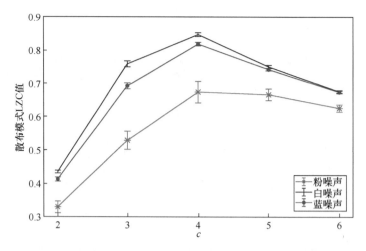

图 5-5 不同类别数 c 下 3 类噪声散布模式 LZC 值的均值及标准差

噪声的复杂度曲线呈整体下降趋势，标准差虽逐渐减小，但蓝噪声与白噪声出现了重叠。综合考虑，m 取 2 或 3 时散布模式 LZC 值的性能最优，建议 m 的取值为 2 或 3。

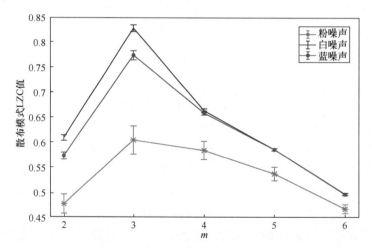

图 5-6 不同嵌入维数 m 下 3 类噪声散布模式 LZC 值的均值及标准差

5.2 新型 Lempel-Ziv 复杂度仿真实验

为了深入理解和评估不同类型的新型 LZC，本节通过仿真实验，模拟和分析各种连续信号的新型 LZC，并比较它们在不同仿真信号下的表现。通过这些仿真实验，深入了解新型 LZC 的特性，并为实际应用中的数据处理和决策提供更准确的工具和指导。所比较的包括 LZC、排列模式 LZC、散布 LZC、散布模式 LZC，涉及的参数根据 5.1 节讨论的确定，具体参数设置如表 5-1 所示。

表 5-1 不同 LZC 的参数设置

特征提取方法	嵌入维数 m	类别数 c	映射方式	延迟时间 τ
LZC	—	—	—	—
排列模式 LZC	4	—	—	1
散布 LZC	—	4	NCDF	—
散布模式 LZC	3	4	NCDF	1

5.2.1 加噪周期信号实验

通过将不同信噪比（signal-to-noise ratio，SNR）的高斯白噪声（white gaussian noise，WGN）添加到周期信号 XP 的一段，计算不同 SNR 下的 CN 值来评估每种 LZC 的抗噪性，CN 值越接近 1，含噪信号的复杂度测度越接近真实信号的值，噪声免疫能力越强，反之噪声免疫能力越弱。CN 值的定义为

$$\mathrm{CN} = \frac{\text{含噪信号的复杂度值}}{\text{不含噪信号的复杂度值}} \tag{5-13}$$

周期信号 XP 可定义为

$$\mathrm{XP} = \sin(2\pi t) + \sin(1.22\pi t) \tag{5-14}$$

周期信号 XP 以 100Hz 的采样频率采样 10s，为了比较，在 XP 中分别加入 500 个信噪比为 5dB、10dB 和 20dB 的独立 WGN。图 5-7 所示为 4 种 LZC 的 CN 值的均值和标准差。如图 5-7 所示，排列模式 LZC 的 CN 值最大，这意味着它对噪声的敏感度最高，因此其抗噪性能最弱；LZC 的标准差值最大，这直接反映出其计算结果具有较大的波动，说明其稳定性相对较差；散布模式 LZC 的均值最接近 1，表明其对噪声干扰最不敏感。与其他 3 种 LZC 相比，散布模式 LZC 拥有最小的标准差，这充分说明了它在面对噪声干扰时，能够保持较强的稳定性和抗噪性。此外，散布 LZC 在整体性能上仍然优于 LZC 与排列模式 LZC，抗噪性与稳定性仅次于散布模式 LZC。综合上述分析，散布模式 LZC 在抗噪性能方面表现最为出色，且在实际信号的特征提取与分析中，其稳定性也更为优越。

5.2.2 MIX 信号实验

与本书 3.3 节类似，该实验通过计算 MIX 信号的各类新型 LZC 的值，以此来反映这些 LZC 检测时间序列动态变化的能力。MIX 信号的各类新型 LZC 值的

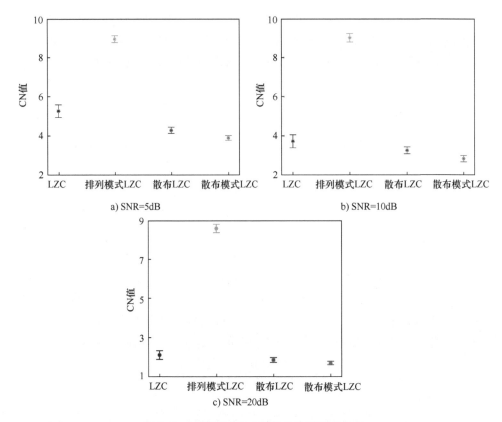

图 5-7 4 种 LZC 的 CN 值的均值和标准差

变化曲线如图 5-8 所示。结合 MIX 信号的时域波形图,可以发现,所有的新型 LZC 值的变化曲线整体上都呈现下降趋势,均揭示了 MIX 内在复杂度的动态特性,这表明各类新型 LZC 均具备检测时间序列动态变化的能力。在各类 LZC 算法中,散布模式 LZC 和散布 LZC 的曲线更加平滑,下降趋势也更为明显,这进一步表明了这两种算法在检测时间序列变化上的优势。综上,各类新型 LZC 均能有效反应时间序列的混乱程度变化,其中散布模式 LZC 和散布 LZC 表现最突出。

5.2.3 Logistic 模型实验

本实验采用与本书 3.3 节相同的 Logistic 模型。当 Logistic 模型中的参数 r 发生变化时,整个模型也会相应地产生动态变化。本实验通过比较不同 r 值下 LZC 值的变化曲线,以此来评估各类新型 LZC 对于时间序列动态变化的检测能力。不同 r 值下的 Logistic 模型的各类新型 LZC 值分布如图 5-9 所示,随着 r 值的增加,整个系统变得越来越混沌,4 种 LZC 值的曲线展现出与混沌程度相匹配的上

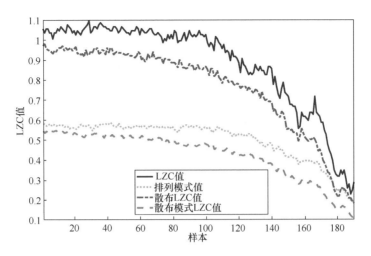

图 5-8 MIX 信号的各类新型 LZC 值的变化曲线

升趋势。其中，散布模式 LZC 与散布 LZC 能够精准地捕捉到 Logistic 模型在 r 值为 3.571 时模型的动态变化，表明它们对于信号中细微的动态变化具有高度的敏感性。相比之下，排列模式 LZC 与 LZC 在检测 Logistic 模型的动态变化的性能较差，在 r 值分别达到 3.594 和 3.637 时，这两种曲线才出现明显的波动，表明排列模式 LZC 和 LZC 对动态变化并不敏感，难以检测到信号中细小的动态变化。因此，在检测 Logistic 模型的动态变化方面，散布模式 LZC 与散布 LZC 相较于排列模式 LZC 与 LZC 具有更高的准确性和敏感性。

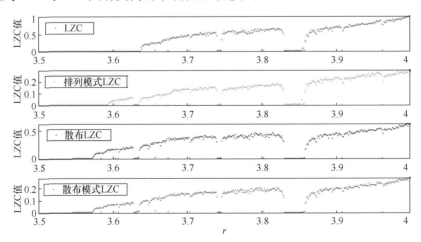

图 5-9 不同 r 值下的 Logistic 模型的各类新型 LZC 值分布

5.3 基于新型 Lempel-Ziv 复杂度的海洋环境噪声特征提取

为了验证新型 LZC 在水声信号特征提取领域中的应用，本节对实测的 6 类海洋环境噪声进行了特征提取实验，通过结果分析证实新型 LZC 在海洋环境噪声特征分析中的重要作用。

5.3.1 特征提取方法

为了评估各类新型 LZC 对海洋环境噪声的表征能力及分类效果，本节提出了基于新型 LZC 的特征提取方法。该方法对输入信号进行样本划分，随后计算每个样本的 LZC 以形成特征向量，然后对特征集进行训练集与测试集划分，最后输入分类器获取分类结果。新型 LZC 特征提取流程图如图 5-10 所示。

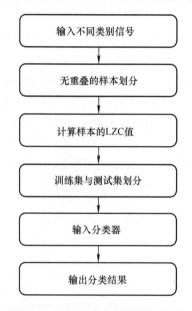

图 5-10 新型 LZC 特征提取流程图

（1）输入不同类别的信号，并对选用的数据片段进行归一化处理。本节选用 6 类海洋环境噪声，截取信号长度为 819200 样本点作为实验数据并进行归一化。

（2）将每类信号进行样本划分，并且每段样本的样本点数的设置均一致。本节将每类海洋环境噪声无重叠地划分为 200 段样本，每段样本的样本点数均设置为 4096。

（3）计算每类信号所有样本的 LZC 值作为特征矩阵。

（4）按照一定比例将特征矩阵集划分为训练集和测试集。本节划分比例为 1:1。

（5）将训练集和测试集输入到分类器中，利用训练集对分类器训练，再将其应用于测试集进行信号分类，进而输出最终的分类结果。

5.3.2 实测实验

海洋环境噪声是许多特性不同的噪声源辐射噪声的总和，影响着水下目标的追踪与检测。本实验对 6 类实测海洋环境噪声进行了特征提取和分类实验。这 6 类海洋环境噪声分别被命名为噪声 1、噪声 2、噪声 3、噪声 4、噪声 5 和噪声 6，每一类海洋环境噪声的采样频率均为 44.1kHz。本实验从每段海洋环境噪声选取 200 段子信号作为实验数据，每段子信号的长度为 4096 个点，各段子信号之间的重叠率为 0。6 类海洋环境噪声归一化后的时域波形图如图 5-11 所示。

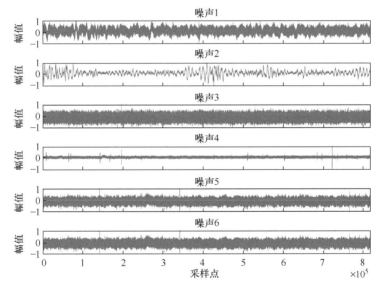

图 5-11　6 类海洋环境噪声归一化后的时域波形图

对于各类海洋环境噪声，首先计算 200 段样本信号的 LZC 及各类新型 LZC 值，包括 LZC、排列模式 LZC、散布 LZC 和散布模式 LZC。涉及的参数包括，类别数 c 取 6，嵌入维数 m 取 4，延迟时间 τ 取 1，映射方式均为 NCDF。图 5-12 所示为不同类别的海洋环境噪声样本下 4 种 LZC 的特征分布小提琴图。

如图 5-12 所示，对于 LZC，噪声 2 与噪声 4 的分布存在明显差异，但其余 4 类噪声信号均值非常接近，以至于它们的小提琴图几乎完全重叠，这使得难以

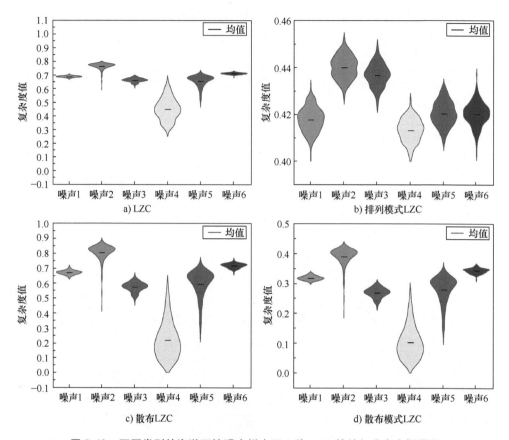

图 5-12 不同类别的海洋环境噪声样本下 4 种 LZC 的特征分布小提琴图

精确区分这 4 类噪声信号；对于排列模式 LZC，6 类噪声的分布较为分散，虽能够从 6 类噪声中区分出噪声 2 与噪声 3，但这两类噪声的小提琴图重叠部分较大难以互相区分，并且其余 4 类噪声的均值十分接近，总体来说排列模式 LZC 对 6 类噪声的可分性较差；此外，散布 LZC 和散布模式 LZC 的分布相似，除噪声 5 外，其余 5 类噪声的分布只有少量样本重叠，并且噪声 1、噪声 2、噪声 3 与噪声 6 的分布较为集中，这进一步表明散布 LZC 和散布模式 LZC 在区分这些噪声信号时的稳定性。综上所述，散布 LZC 和散布模式 LZC 在处理这类问题时表现出了较高的准确性和有效性。

为了进一步验证新型 LZC 在海洋环境噪声特征提取中的有效性，本实验引入了 k 近邻分类器，并通过识别率来直观展现新型 LZC 在特征提取中的优势。本实验采用了多种不同的训练测试比例，以全面评估各种特征提取方法在海洋环境噪声识别中的性能。不同训练测试比例下基于不同特征提取方法的海洋环境噪声识别率如表 5-2 所示。

表 5-2 不同训练测试比例下基于不同特征提取方法的海洋环境噪声识别率（%）

训练：测试	1:1	3:2	7:3	2:3	3:7
LZC	76.500	75.208	73.389	75.694	75.476
排列模式 LZC	37.833	38.958	36.944	38.472	40.357
散布 LZC	77.333	76.875	76.389	77.917	77.976
散布模式 LZC	78.833	78.333	75.556	79.028	78.095

根据表 5-2 所示的识别率，可得出以下结论。在不同的训练测试比例中，排列模式 LZC 在不同训练测试比例下的识别率均为最低，而最高的仅为 40.357%，这表明其对于海洋环境噪声的识别效果相对较差；相比之下，散布 LZC 和散布模式 LZC 的识别率均高于 76%，这表明它们对 6 类海洋环境噪声有良好的分类识别能力。进一步分析发现，当训练样本与测试样本的比例为 7:3 时，散布 LZC 的识别率略高于散布模式 LZC，达到了 76.389%；然而，在其他比例下，散布模式 LZC 的识别效果更佳，在训练测试比例为 2:3 时，其识别率达到了最高的 79.028%，这说明散布模式 LZC 在不同样本比例下具有更好稳定性和优越性。综上分析可知，散布 LZC 和散布模式 LZC 这两种复杂度算法不仅能够有效地提取出海洋环境噪声的关键特征，而且在不同训练测试比例下均能保持较高的识别率，在海洋环境噪声的特征表征方面表现出了最佳的性能，更适用于复杂信号的特征提取。

5.4 小结

本章介绍了 LZC 的多种改进算法。随后，本章设计了 3 种仿真信号实验以全面评估这些新型 LZC 算法的不同方面的性能差异。此外，为验证新型 LZC 算法在实际特征提取中的应用效果，将其应用到海洋环境噪声的特征提取实验中，实验结果进一步证明了新型 LZC 算法在特征提取上的可行性。本章主要内容如下：

（1）详细介绍了多种新型 LZC 算法的具体原理，包括排列模式 LZC 算法、散布 LZC 算法与散布模式 LZC 算法。这些新型 LZC 算法为信号分析领域带来了全新视角，也为特征提取工作奠定了坚实的算法基础。

（2）开展了基于新型 LZC 算法的加噪周期信号、MIX 信号与 Logistic 模型的仿真实验。仿真实验结果表明，散布模式 LZC 具有最强的抗噪性，相比于其余 LZC，能够更好地反映出不同信号的复杂度变化趋势，具有最突出的动态检测能力。

（3）提出了基于新型 LZC 的特征提取方法，并将其应用于海洋环境噪声的特征提取实验。实验结果表明，散布模式 LZC 与散布 LZC 在不同的训练测试比的条件下识别率均高于其余类别 LZC，并且散布模式 LZC 在训练测试比为 2∶3 时的识别率达到了最高的 79.028%。这一结果凸显了新型 LZC 算法在水声信号特征提取中的有效性，同时预示着其在相关领域广阔的应用前景。

第6章 基于新型分形维数的特征提取方法

分形维数是评估信号复杂性和不规则性的关键指标之一，自其概念提出以来，在生物医学、故障诊断、水声信号处理等领域得到了广泛应用。本章对一系列新型分形维数算法进行了详细介绍，并通过仿真和实测数据，对这些新型分形维数算法的性能进行了全面评估，验证了它们在机械信号特征提取中的有效性。

6.1 新型分形维数

6.1.1 层次盒维数

层次盒维数可以提取和细化不同子频带信号信息。层次盒维数的计算步骤如下：

（1）对于给定的时间序列 $X = \{x_i, i = 1, 2, \cdots, n\}$, $n = 2^c$，平均算子 Q_0 和差分算子 Q_1 分别定义为

$$Q_0 = \frac{x(2j) + x(2j-1)}{2}, \quad j = 1, 2, \cdots, 2^{c-1}$$

$$Q_1 = \frac{x(2j) - x(2j-1)}{2}, \quad j = 1, 2, \cdots, 2^{c-1} \tag{6-1}$$

式中，c 为正整数；Q_0 和 Q_1 分别为分解中原始时间序列的低频分量和高频分量。

（2）使用矩阵来展示第 p 层算子，有 $\boldsymbol{Q}_j^p (j=0 \text{ 或 } 1)$，即

$$\boldsymbol{Q}_j^p = \begin{bmatrix} \frac{1}{2} & \frac{(-1)^j}{2} & 0 & 0 & \cdots & 0 & 0 \\ 0 & 0 & \frac{1}{2} & \frac{(-1)^j}{2} & \cdots & 0 & 0 \\ \vdots & \vdots & \vdots & \vdots & & \vdots & \vdots \\ 0 & 0 & 0 & 0 & \cdots & \frac{1}{2} & \frac{(-1)^j}{2} \end{bmatrix}_{2^{c-1} \times 2^c} \tag{6-2}$$

（3）构造一个 n 维向量 $[l_1, l_2, \cdots, l_n]$ 和一个整数值 $e = \sum_{p=1}^{k} 2^{k-p} l_p$。其中，$\{l_p, p=1,2,\cdots,k\} \in \{0,1\}$ 表示第 p 层的平均算子或差分算子。因此，第 p 层的第 e 个节点的分层分量可以表示为

$$X_{p,e} = (Q_{l_k}^p Q_{l_{p-1}}^{p-1} \cdots Q_{l_1}^1) X \tag{6-3}$$

为了更好地理解层次分解处理，图 6-1 给出了层次分解的示意图，可以看到原始序列被不断地分为高频分量和低频分量。

（4）将分解后每个序列 X 根据本书 2.4.1 节中的盒维数的计算步骤分别进行处理得到每个序列的盒维数值，最终的层次盒维数公式为

$$\text{HBFD}(X, p, e) = \text{BFD}(X_{p,e}) \tag{6-4}$$

图 6-2 给出了层次盒维数的计算流程图。

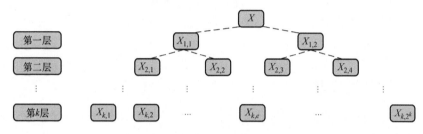

图 6-1　层次分解的示意图

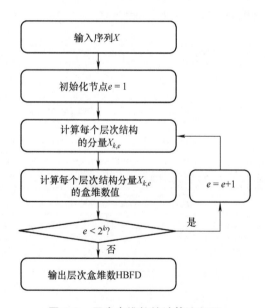

图 6-2　层次盒维数的计算流程图

6.1.2 散布 Higuchi 分形维数

散布 Higuchi 分形维数（dispersion Higuchi fractal dimension，DHFD）在 Higuchi 分形维数的基础上引入了散布熵中的正态累积分布映射函数（NCDF）和 round 函数，提高了 Higuchi 分形维数处理信号异常值的和表征信号信息的能力。散布 Higuchi 分形维数的具体计算流程如下：

（1）对于时间序列 $X = \{x_i, i = 1, 2, \cdots, N\}$，使用 NCDF 将其映射到 $Y = \{y_i, i = 1, 2, \cdots, N\}$，其中 $y_i \in (0,1)$。x_i 的计算公式为

$$y_i = \frac{1}{\delta\sqrt{2\pi}} \int_{-\infty}^{x_i} e^{\frac{-(t-\lambda)^2}{2\delta^2}} dt \tag{6-5}$$

式中，λ 为平均值；δ 为标准差。

（2）使用 round 函数将 $Y = \{y_i, i = 1, 2, \cdots, N\}$ 映射到 $P = \{p_i, i = 1, 2, \cdots, N\}$。$p_i$ 的具体计算公式为

$$p_i = \text{round}(cy_i + 0.5) \tag{6-6}$$

式中，c 为类别个数；p_i 的范围为 $[1, 2, \cdots, c]$。

（3）将新序列 $P = \{p_i, i = 1, 2, \cdots, N\}$ 按照 2.2.4 节 Higuchi 分形维数的步骤（1）~步骤（4）进行处理，得到拟合直线 $\text{lb}(L(k)) = \text{DHFD}\left(\text{lb}\left(\frac{1}{k}\right)\right) + C$。其中，曲线的 DHFD 即为散布 Higuchi 分形维数的值。散布 Higuchi 分形维数的计算流程图如图 6-3 所示。

本节主要通过啁啾信号考察对于散布 Higuchi 分形维数中参数 k 以及类别数 c 进行优化的必要性。其中，啁啾信号是指频率随时间连续变化的信号，定义为

$$x(t) = e^{(j2\pi(f_0 t + \frac{1}{2}ut^2))} \tag{6-7}$$

式中，u 为调制频率，取 1.5；f_0 为初始频率，取 10Hz。本实验采用的整个信号为 16s，采样频率为 1000Hz，其频率也从开始的 10Hz 到结束的 40Hz 呈指数变化。图 6-4 给出了啁啾信号的时域波形图，总共包含 16000 个采样点，可以明显看到啁啾信号的频率呈不断增加的趋势。本实验采用 1s 的滑动窗口截取样本信号，重叠率为 90%，这样可以得到 150 段采样信号，并对每个样本进行了不同参数设置下的分形维数值计算。其中，共有 4 组不同的参数选择，分别为 $k = 20$、$c = 3$，$k = 20$、$c = 6$，$k = 30$、$c = 3$ 以及 $k = 30$、$c = 6$。不同参数选择下散布 Higuchi 分形维数在啁啾信号下的分形维数值曲线如图 6-5 所示。

如图 6-5 所示，可以清晰地观察到，在 4 种不同的参数组合下，随着信号频率的递增，不同参数下的散布 Higuchi 分形维数曲线均呈现出不同程度的增长趋势。这一增长趋势准确地反映了啁啾信号频率持续升高的特性。此外，可以观

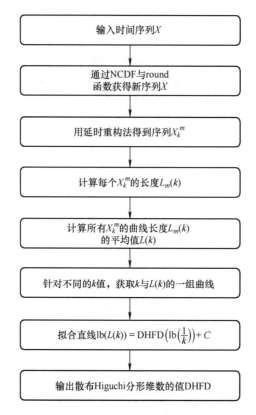

图 6-3　散布 Higuchi 分形维数的计算流程图

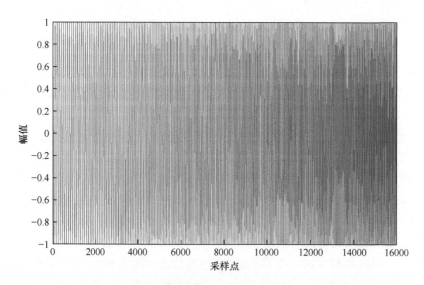

图 6-4　啁啾信号的时域波形图

察到，当参数 k 和 c 的值增加时，散布 Higuchi 分形维数对信号频率变化的敏感度也相应增强。具体而言，图 6-5 中，当 k 值设定为 30 时，其对应的分形维数值曲线相较于 $k=20$ 的情况表现出更为平滑的走势，并且 $k=30$、$c=6$ 时前半段能很快呈现出上升趋势。这种平滑性反映了散布 Higuchi 分形维数在参数调整下对信号频率变化的更精细捕捉能力，同时也反映了参数选择对计算复杂度值准确性和稳定性的影响。结合所得结果，可以推断出散布 Higuchi 分形维数的参数选择对于其作为信号复杂度表征工具的性能至关重要。为了获得更准确、更稳定的复杂度表征效果，有必要采用优化算法对参数进行优化，使得散布 Higuchi 分形维数在表征信号复杂度时能够更加精准地反映信号的特征。

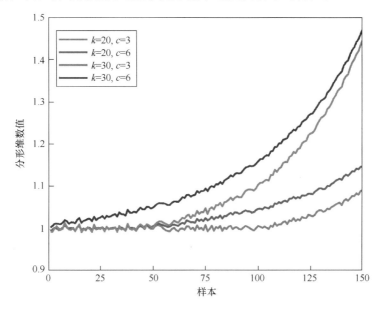

图 6-5　不同参数选择下散布 Higuchi 分形维数在啁啾信号下的分形维数值曲线

6.1.3　优化散布 Higuchi 分形维数

散布 Higuchi 分形维数，虽然能够有效地量化信号的复杂性和不规则性，但其值往往受到不同参数设置的显著影响。本节提出了一种新的分形维数，即优化散布 Higuchi 分形维数。具体而言，利用粒子群优化算法的全局搜索能力和快速收敛特性，以最高分类识别率为适应度函数，对散布 Higuchi 分形维数的参数 k 和 c 进行优化。通过这一智能优化过程，能够找到使散布 Higuchi 分形维数在分析信号时表现最佳的参数组合，从而提高信号分析的准确性和可靠性。优化散布 Higuchi 分形维数的具体步骤如下：

(1) 输入参数的初始化范围 k 和 c。
(2) 初始化粒子群优化算法的参数。
(3) 计算每个个体的适应度函数。其中，适应度函数是正确分类样本的最大分类识别率。第 i 个个体的适应度函数 Fitness(i) 可以表示为

$$\text{Fitness}(i) = \frac{R_i}{A_i} \tag{6-8}$$

式中，R_i 和 A_i 分别为第 i 个个体的正确分类样本和所有分类样本的数量。
(4) 从种群中寻找到具有当前最优适应度函数的个体 Fitness(i)。
(5) 确定是否已达到最大迭代次数。如果是，则中断并输出 k 和 c，如果不是，返回步骤（2）并继续迭代。

为了充分验证优化后散布 Higuchi 分形维数算法的优越性，下面选取 50 个紫噪声、白噪声和蓝噪声样本进行了对比实验。每个噪声信号均包含 4096 个采样点。实验计算了 3 类噪声的 3 组分形维数值。其中，后两组的参数 k 和 c 是手动选择的，它们代表了传统、未经优化的参数设置，而第一组参数则是通过粒子群优化算法优化后得到的。3 类噪声在不同参数下的散布 Higuchi 分形维数的特征分布小提琴图如图 6-6 所示。表 6-1 给出了不同参数下的散布 Higuchi 分形

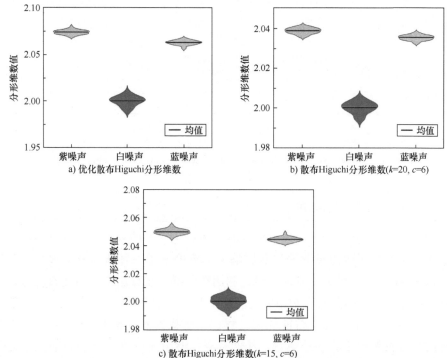

图 6-6　3 类噪声在不同参数下散布 **Higuchi** 分形维数的特征分布小提琴图

维数对 3 类噪声的识别率。可以看到，经过粒子群优化算法优化后的散布 Higuchi 分形维数在区分 3 类噪声信号时表现出的优势，对信号的识别率为 100%。相比之下，手动选择参数的两组散布 Higuchi 分形维数在区分紫色和蓝色噪声信号时存在明显的重叠区域，散布 Higuchi 分形维数在参数为 $k=20$、$c=6$ 与 $k=15$、$c=6$ 的识别率为 84% 和 93%。因此，可以得出结论，优化散布 Higuchi 分形维数算法通过采用粒子群优化算法对参数优化，能够明显提高噪声信号的区分能力，为后续的噪声分析和信号处理提供了更为准确和可靠的工具。

表 6-1　不同参数下的散布 Higuchi 分形维数对 3 类噪声的识别率

分形维数指标	识别率（%）
优化散布 Higuchi 分形维数	100
散布 Higuchi 分形维数（$k=20, c=6$）	84
散布 Higuchi 分形维数（$k=15, c=6$）	93

6.2　新型分形维数仿真实验

为了深入理解和评估不同类型的新型分形维数，本节通过两类仿真信号的分类实验，模拟和分析各种连续信号的新型分形维数，并比较它们在不同情境下的表现。通过这些仿真实验，深入了解新型分形维数的特性，并为实际应用中的数据处理和决策提供更准确的工具和指导。所比较的新型分形维数包括盒维数、层次盒维数、Higuchi 分形维数、散布 Higuchi 分形维数及优化散布 Higuchi 分形维数。涉及的参数中，延时时间 K 均取 20，类别数 c 取 6，而优化散布 Higuchi 分形维数的延时时间和类别数由粒子群算法优化得到。

6.2.1　信号长度稳定性实验

为了验证不同新型分形维数在不同信号长度下的稳定性，本节采用了 50 个独立的白噪声信号作为研究对象。这些信号的长度从 1024 个样本到 51200 个样本不等。首先，计算了每个白噪声长度下 50 个样本的分形维数值的均值和标准差；然后，通过计算变异系数（coefficient of variation，CV）来表征 5 种新型分形维数的稳定性。CV 值的定义为

$$CV = \frac{SD}{M} \tag{6-9}$$

式中，M 为样本的均值；SD 为样本的标准差。在计算 CV 值时，本节使用了不同信号长度的 50 个白噪声分形维数值的均值和标准差。图 6-7 给出了不同长度白噪声下 5 种新型分形维数的 CV 值。如图 6-7 所示，盒维数和层次盒维数的 CV 值明显高于其余 3 种分形维数。这表明，在不同长度的白噪声下，盒维数和层次盒维数的分形维数值较为离散，稳定性较差。相比之下，3 种 Higuchi 分形维数的 CV 值较低，说明它们在不同长度的白噪声下具有较好的稳定性。在 Higuchi 分形维数中，散布 Higuchi 分形维数的 CV 值略高于普通 Higuchi 分形维数，但使用粒子群优化算法后的优化散布 Higuchi 分形维数的 CV 值始终最低。这表明，在不同长度的白噪声下，优化散布 Higuchi 分形维数的分形维数值更加稳定，具有更好的稳定性。这些结果进一步验证了优化散布 Higuchi 分形维数在不同信号长度下的稳定性，同时也提供了关于不同分形维数在信号分析中的选择和应用建议。

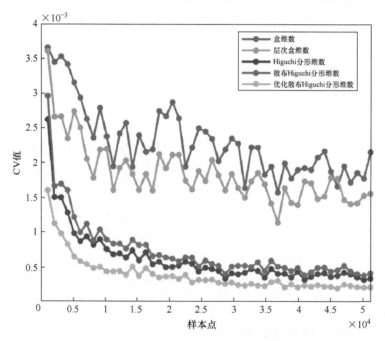

图 6-7　不同长度白噪声下 5 种新型分形维数的 CV 值

6.2.2　噪声信号分类实验

为了进一步深入研究分形维数对于噪声信号的分类特性，本节采用了 50 个独立的紫噪声、白噪声和蓝噪声作为研究对象进行分类实验，每种噪声信号包含了4096个采样点。实验旨在通过计算3类噪声的分形维数值来评估各种新型分形维数在区分噪声信号方面的功效。图6-8给出了不同分形维数下噪声信号的特征分布小提琴图。如图6-8所示，可以观察到不同新型分形维数下3类噪声的分布情况。值得注意的是，盒维数及层次盒维数的噪声分布存在较大的重合，

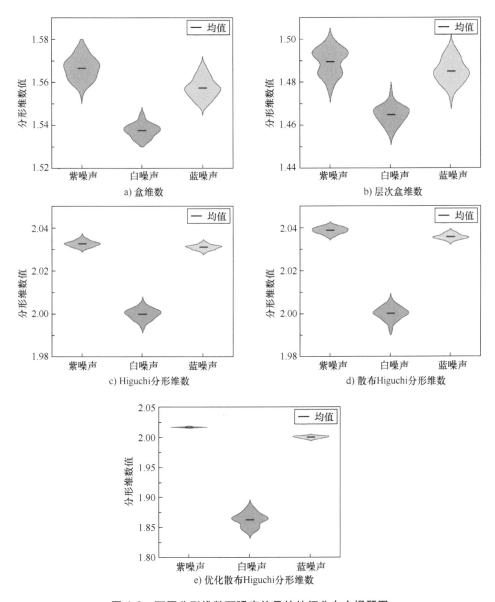

图6-8　不同分形维数下噪声信号的特征分布小提琴图

表明这两种分形维数无法有效区分三种噪声信号。另外，两种盒维数下的噪声分布都具有较大的标准差，这表明盒维数计算出的分形维数值相比于 Higuchi 分形维数更加不稳定。相比之下，两种 Higuchi 分形维数表现出了更强的区分能力，但仍然存在一些限制。只有优化散布 Higuchi 分形维数能够将 3 类噪声信号完全区分开来，而其他两种 Higuchi 分形维数则无法完全区分紫噪声和蓝噪声，并且优化散布 Higuchi 分形维数的 3 类噪声分布的标准差最小，表明其稳定性最佳。综上所述，实验结果表明，部分新型分形维数能够有效用区分不同类型的噪声信号，这对于实际应用中的信号处理和特征提取提供了重要的帮助。这些发现有助于深化对分形维数在信号处理领域中的理解，并为相关应用提供了有益的指导。

6.2.3　混沌信号分类实验

本实验选择了 3 类不同的混沌信号（Chen、Lorenz 和 Rossler）作为研究对象进行分类实验，这些信号具有复杂的非线性特征，在实际应用中具有广泛的应用前景。实验采用 50 个样本，并对每个样本进行了 4096 个采样点的截取。实验的核心目的在于评估不同新型分形维数在区分混沌信号方面的能力，这对于深入理解分形维数在时间序列分析中的作用至关重要。图 6-9 给出了 3 类混沌信号在不同新型分形维数下的特征分布小提琴图。可以看出，对于优化散布 Higuchi 分形维数，Chen、Lorenz 和 Rossler 混沌信号的分布没有重叠区域。这表明优化散布 Higuchi 分形维数能够有效地区分 Chen、Lorenz 和 Rossler 混沌信号，能够捕捉到混沌信号的复杂动态特征，从而实现了对不同类型混沌信号的准确分类。然而，与之相对比，传统的 Higuchi 分形维数和散布 Higuchi 分形维数在区分 Chen 和 Lorenz 混沌信号时表现较差，整体上无法清晰地将它们区分开来。这是由于传统 Higuchi 方法对信号的非线性特征的捕捉能力相对较弱，导致在面对复杂的混沌信号时表现不佳。盒维数和层次盒维数也展现出了类似的现象，可以看到它们的分布范围与 Higuchi 分形维数相比重叠区域更大，存在着无法有效区分不同类型混沌信号的问题。这是由于盒维数方法在处理信号时对数据的分割和盒子尺寸的选择较为敏感，导致结果的不稳定性。综上所述，实验结果表明，部分新型分形维数同样可以用于区分不同类型的混沌信号，这进一步证明了分形维数在区分时间序列方面的有效性。

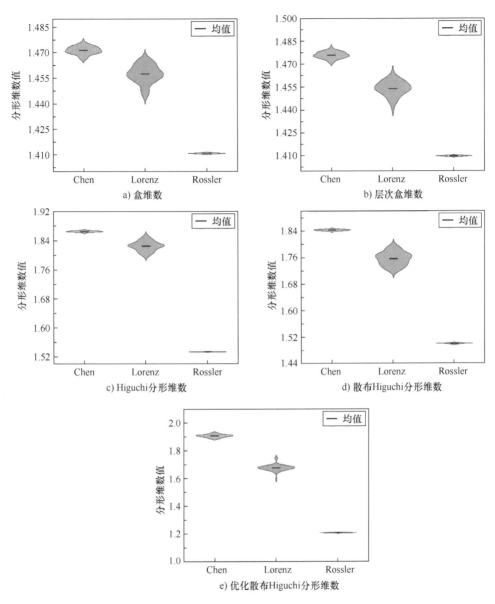

图 6-9　3 类混沌信号在不同新型分形维数下的特征分布小提琴图

6.3　基于新型分形维数的特征提取

为了验证新型分形维数在机械信号特征提取领域的应用，本节进行了一系列实验，对实测得到的 5 类机械信号进行了特征提取。通过对实验结果的分析，旨在证实新型分形维数在机械信号特征分析中的重要作用。

6.3.1 特征提取方法

为了评估各类新型分形维数对机械信号的表征能力及分类效果，提出了基于新型分形维数的特征提取方法。基于分形维数的特征提取流程图如图 6-10 所示。具体的特征提取步骤如下：

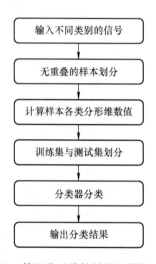

图 6-10 基于分形维数的特征提取流程图

（1）输入不同类别的信号，并对选用的数据片段进行归一化处理。本节选用 5 类齿轮信号，截取信号长度为 819200 样本点作为实验数据并进行归一化。

（2）将每类信号进行样本划分，并且每段样本的样本点数的设置均一致。本节将每类齿轮信号无重叠地划分为 200 段样本，每段样本的样本点数均设置为 4096。

（3）计算每类信号所有样本的分形维数值作为特征矩阵集。

（4）按照一定比例将特征矩阵集划分为训练集和测试集。本节划分比例为 1:1。

（5）将训练集和测试集输入到 k 近邻分类器中，利用训练集对分类器训练，再将其应用于测试集进行信号分类，进而输出最终的分类结果。

6.3.2 东南大学齿轮数据

作为机械设备运行中不可或缺的一个品类，齿轮在高强度运行下容易出现不同类型的故障。通过特征提取对不同的故障信号进行分析，进而确定具体的故障类型就显得尤为重要。本实验采用了东南大学的齿轮数据集中电机振动信号作为实验数据，5 类齿轮信号均在转速-负载配置设定为 30Hz-2V 的条件下采集，包括健康、断齿、齿轮缺口、齿根故障以及齿面故障状态。本实验从每段齿轮信号中选取 200 段子信号作为实验数据，每段子信号的长度为 4096 个点，并利用新型分形维数对 5 类实测齿轮状态信号进行特征提取和分类。5 类齿轮状态信号的时域波形图如图 6-11 所示。

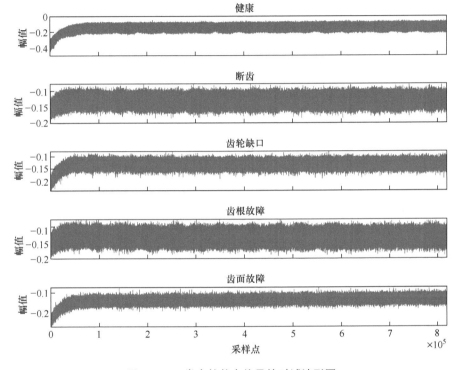

图 6-11　5 类齿轮状态信号的时域波形图

在深入探究齿轮信号的复杂性和特征分布时，本节采用了 5 种不同的分形维数计算方法：盒维数、层次盒维数、Higuchi 分形维数、散布 Higuchi 分形维数以及优化散布 Higuchi 分形维数。为了更方便地比较各类齿轮信号的分形特性，设定了以下参数：层次盒维数的层数设定为 3；对于 Higuchi 分形维数和散布 Higuchi 分形维数，选取的最大延迟时间为 20；散布 Higuchi 分形维数的类别个数被设定为 6。对于散布 Higuchi 分形维数，采用了粒子群优化算法来确定其最佳参数。5 种分形维数处理 5 类齿轮状态信号得到的特征分布如图 6-12 所示。

根据图 6-12 所示的内容，可以观察到，对于这 5 种分形维数，5 类齿轮状态信号的分布都比较混乱，特别是盒维数和层次盒维数。它们的维数值在 5 类

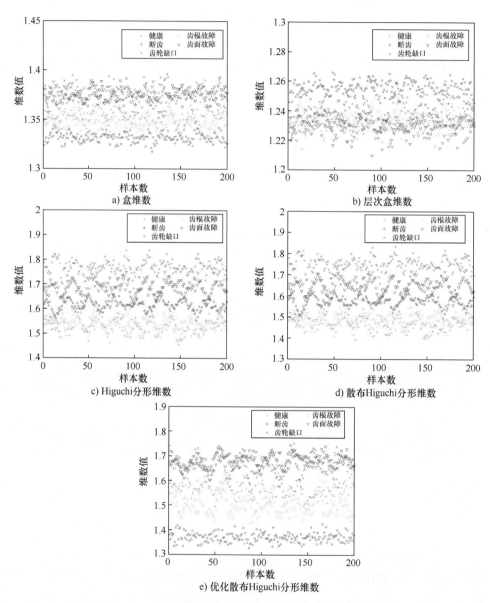

图 6-12 5 种分形维数处理 5 类齿轮状态信号得到的特征分布

齿轮状态信号中混合在一起,难以形成明显的区分界限。此外,值得注意的是,在这 5 种分形维数中,只有优化散布 Higuchi 分形维数成功区分出了断齿信号,而其他分形维数在区分齿轮状态信号上表现欠佳,无法有效区分出任何一种信号。为了进一步验证这些分形维数在齿轮状态信号识别中的实际效果,本节进行了更为深入的分类测试。具体操作为,从每种齿轮信号中选取 100 个样本作为训练集，剩余的 100 个样本则作为测试集，以此保证训练样本和测试样本的数量比为 1:1。随后，采用 k 近邻分类器对这些样本进行分类。通过这一系列的分类实验，得到了详细的识别结果。基于不同特征提取方法的齿轮状态信号识别率如表 6-2 所示。

表 6-2 基于不同特征提取方法的齿轮状态信号识别率

分形维数指标	识别率（%）
盒维数	56.20
层次盒维数	56.80
Higuchi 分形维数	65.80
散布 Higuchi 分形维数	72.40
优化散布 Higuchi 分形维数	74.00

根据表 6-2 所示的数据，可以观察到，这 5 类齿轮状态信号在不同分形维数特征下的识别率普遍偏低。具体而言，虽然优化散布 Higuchi 分形维数在识别率上表现最佳，达到了 74.0%，但这一结果仍然不尽如人意。基于盒维数的识别率最低，仅为 56.2%，进一步突显了当前方法在齿轮信号识别上的局限性。综上所述，单一特征下的分形维数对齿轮状态信号的识别率均低于 75%，无法满足齿轮故障诊断需求。因此，为了进一步提高齿轮信号的识别效果，有必要开展基于分形维数的多尺度及多模态特征提取研究，以期获得更为准确和可靠的识别效果。

6.4 小结

本章在传统分形维数算法的基础上，针对它们存在的问题，提出了一系列新型分形维数指标。然后，为了验证各种分形维数的有效性，开展了 3 组仿真信号实验，并将其应用于齿轮状态信号的特征提取中，主要的研究内容概括如下：

（1）详细介绍了多种新型分形维数的基本原理，这些新型分形维数包括盒维数、散布 Higuchi 分形维数以及优化散布 Higuchi 分形维数。这些新型分形维数为信号的分析与特征提取领域提供了丰富且强有力的工具，能够更精准地捕捉信号的复杂性和动态特性。

（2）开展了信号长度稳定性实验、噪声信号分类与混沌信号分类的仿真实验，以此验证新型分形维数的稳定性与对信号的分类能力。仿真实验结果表明，与其他新型分形维数相比，优化散布 Higuchi 分形维数在不同信号长度下的稳定性最好，CV 值最低，对噪声和混沌信号的区分效果最好。

（3）提出了基于新型分形维数的特征提取方法，并将其应用于齿轮状态信号的特征提取。实测实验结果表明，优化散布 Higuchi 分形维数对齿轮状态信号的识别率最高，但单一特征下的所有新型分形维数对齿轮状态信号的识别率均低于 75%，无法满足齿轮故障诊断需求。为了进一步提高对齿轮状态信号的识别效果，有必要开展基于分形维数的多尺度及多模态特征提取研究，以期获得更为准确和可靠的识别效果。

第 7 章 基于多尺度处理的新型非线性动力学特征提取方法

多尺度处理是一种常用的时间序列处理方法。它通过深入挖掘不同时间尺度下的信息,实现时间序列的全面而综合分析。本章以多尺度处理为基础,对一些新型多尺度处理算法进行了介绍,并结合仿真信号与实测信号,验证基于多尺度处理的新型非线性动力学特征提取方法在理论与实际上的可行性。

7.1 多尺度处理

多尺度处理[31]指将时间序列进行粗粒化处理从而得到新的时间序列的技术,用于减少数据中的冗余信息和噪声,提高数据处理效率。对于给定的时间序列 $X=\{x(i), i=1,2,3,\cdots,N\}$,传统多尺度处理可表示为

$$y^s(j) = \frac{1}{s}\sum_{i=(j-1)s+1}^{js} x(i) \qquad 1 \leq j \leq \frac{N}{S} \tag{7-1}$$

式中,s 为尺度因子;$y^s(j)$ 为尺度为 s 时序列的第 j 个元素。

通过设置不同的尺度,可以得到原始序列的多个子序列。以尺度因子 $s=3$ 为例,传统多尺度处理示意图如图 7-1 所示。

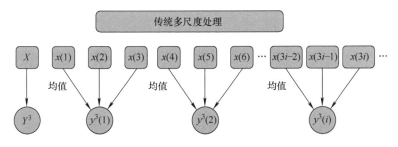

图 7-1 传统多尺度处理示意图 ($s=3$)

7.2 新型多尺度处理

传统多尺度处理虽然能够反映时间序列不同尺度的有效信息,但随着尺度因子的增大,粗粒化处理后的时间序列的长度明显缩短,导致获取的序列信息不准确和稳定性降低。因此,新型多尺度处理针对粗粒化处理方式进行了改进,减小了尺度因子对时间序列长度的影响,增强了多尺度处理在处理序列时的稳定性。新型多尺度处理包括精细复合多尺度处理、变步长多尺度处理和精细复合变步长多尺度处理。

7.2.1 精细复合多尺度处理

精细复合多尺度处理[33]通过设置不同的起始点来获得多个粗粒化子序列,提取出信号在不同时间尺度下更多的潜在信息,并增强了传统多尺度处理的稳定性。精细复合多尺度处理后的序列可表示为

$$Y_q^s = \{y_{q,1}^s, y_{q,2}^s, \cdots, y_{q,j}^s, \cdots, y_{q,(N-q+1)/s}^s\} \quad 1 \leqslant q \leqslant s \tag{7-2}$$

其中,$y_{q,j}^s$可定义为

$$y_{q,j}^s = \frac{1}{s} \sum_{i=(j-1)s+q}^{js+q-1} x_i \quad 1 \leqslant j \leqslant \frac{N}{S} \tag{7-3}$$

图 7-2 所示为精细复合多尺度处理示意图($s=3$)。与传统多尺度相比,精细复合多尺度处理通过改变起始位置,可获得 3 个包含更多有效信息的子序列,克服了传统多尺度处理随尺度因子增加稳定性降低的缺点,从而减小了对初始时间序列长度的依赖。

7.2.2 变步长多尺度处理

变步长多尺度处理[48]作为传统多尺度处理的改进,通过改变滑动窗口的移动步长,可更全面地反映时间序列的有效信息,解决了传统多尺度处理因尺度因子增加而子序列长度大幅缩减的缺点,从而减小了对信号长度的依赖。变步长多尺度处理可定义为

$$Y_d^s = \{y_{d,1}^s, y_{d,2}^s, \cdots, y_{d,l}^s, \cdots, y_{d,\frac{N-S}{d}+1}^s\} \quad 1 \leqslant q \leqslant s \tag{7-4}$$

其中,$y_{d,l}^s$可表示为

第 7 章 基于多尺度处理的新型非线性动力学特征提取方法

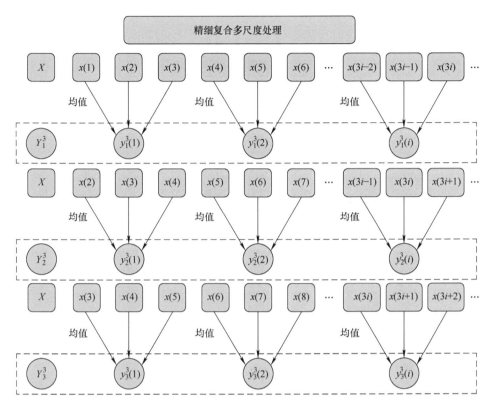

图 7-2 精细复合多尺度处理示意图（$s=3$）

$$y_{d,l}^s = \frac{1}{s} \sum_{i=d(l-1)+1}^{d(l-1)+s} x(i) \quad 1 \leq d \leq s, 1 \leq l \leq \frac{N-S}{d}+1 \quad (7\text{-}5)$$

式中，$y_{d,l}^s$ 为尺度因子为 s、步长为 d 时子序列的第 l 个元素。

图 7-3 所示为变步长多尺度处理示意图（$s=3$）。变步长多尺度处理通过改变滑动窗口的移动步长，来获取多个粗粒化后的子序列。对移动步长较小的变步长粗粒化序列而言，其长度相比原始时间序列并没有明显地缩短，这有利于解决传统多尺度处理中粗粒化过程在尺度因子较大时列长度过短导致计算结果不准确的问题。

7.2.3 精细复合变步长多尺度处理

精细复合变步长多尺度处理[35]作为精细复合多尺度与变步长多尺度的改进算法，通过考虑步长和初始点的变化，得到更多包含综合信息的子序列。精细复合变步长多尺度处理可定义为

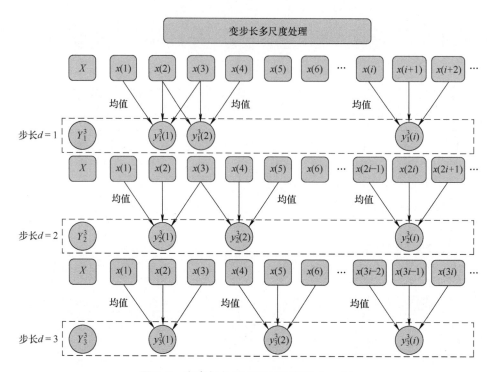

图 7-3 变步长多尺度处理示意图 ($s=3$)

$$y_{k,j}^s = \frac{1}{s}\sum_{i=s(j-1)+k}^{js-1+k} x_i \quad 1 \leqslant k \leqslant s, 1 \leqslant j \leqslant \left[\frac{N}{S}\right] \quad (7\text{-}6)$$

式中，$y_{k,j}^s$ 为尺度因子为 s 时第 k 个子序列的第 j 个元素，共有 s 个子序列 $Y_k^s = \left(y_{k,j}^s, j=1,2,3,\cdots,\left[\frac{N}{S}\right]\right)$。

对于子序列 $Y_k^s = \left(y_{k,j}^s, j=1,2,3,\cdots,\left[\frac{N}{S}\right]\right)$，通过改变两个相邻元素的起点之间的间隔，可以得到更多包含有效信息的子序列，即

$$z_{k,t,j}^s = \frac{1}{s}\sum_{i=t(j-1)+1}^{t(j-1)+s} y_{k,i}^s \quad 1 \leqslant k \leqslant s, 1 \leqslant t \leqslant s, 1 \leqslant j \leqslant \frac{\left[\frac{N}{S}\right]-s}{t}+1 \quad (7\text{-}7)$$

式中，$z_{k,t,j}^s$ 为序列 Y_k^s 粗粒化后的第 k 个子序列中的第 j 个元素。

7.3 新型多尺度非线性动力学特征仿真实验

为了深入理解和评估不同类型多尺度非线性动力学特征的特性，本节分别以散布熵、斜率熵、LZC 和分形维数为基础，分别进行传统多尺度处理、精细复合多尺度处理、变步长多尺度处理以及精细复合变步长多尺度处理；然后借助仿真信号的分类实验，对不同类型多尺度处理的效果进行了全面比较，旨在揭示不同类型多尺度非线性动力学特征在性能上的差异与优势。

7.3.1 新型多尺度散布熵仿真实验

该实验通过计算粉噪声和白噪声的多尺度散布熵、变步长多尺度散布熵、精细复合多尺度散布熵和精细复合变步长多尺度散布熵，以评估它们区分不同信号的能力。实验计算了 50 个粉噪声和白噪声的 4 种多尺度散布熵值，每个样本含有 4096 个采样点。为了保证实验具有一致性，4 种新型多尺度散布熵均具有相同的参数设置。其中，类别数 c 均取 4，嵌入维数 m 均取 3，映射方式均为 NCDF，尺度因子 s 均取 10。图 7-4 给出了各类多尺度散布熵值曲线。如图 7-4

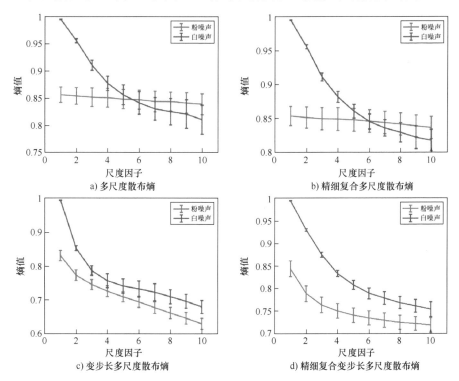

图 7-4 各类多尺度散布熵值曲线

所示，可以清晰地看出，当尺度因子小于 4 时，所有新型多尺度散布熵值可以明显区分粉噪声和白噪声；但当尺度因子大于 4 时，由于尺度因子增大导致子序列长度缩短，多尺度散布熵和精细复合多尺度散布熵的熵值变得不稳定，并且白噪声和粉噪声的熵值出现重叠，因此无法有效区分这两种噪声。然而，变步长多尺度散布熵由于克服了尺度因子对序列长度的限制，所以不仅在尺度小于 4 时能够区分这两类噪声，在尺度大于 8 时仍能够区分这两类噪声。此外，对于精细复合变步长多尺度散布熵，其在所有尺度上均可以区分这两类噪声。综上所述，精细复合变步长多尺度散布熵对不同噪声之间的可分性表现最佳，同时也说明通过引入了精细复合和变步长处理对多尺度散布熵进行改进是有效的。

7.3.2　新型多尺度斜率熵仿真实验

本实验选用 50 个独立的粉噪声、白噪声进行比较实验，其中每个噪声信号有 4096 个采样点。通过计算两种类型噪声的熵值，来检验各类新型多尺度斜率熵区分噪声信号的能力。所比较的多尺度熵指标包括多尺度斜率熵、精细复合多尺度斜率熵、变步长多尺度斜率熵和精细复合变步长多尺度斜率熵。其中，嵌入维数 m 均取 4，δ 取 0.1，γ 取 0.001。图 7-5 给出了各类多尺度斜率熵的熵值曲线。

如图 7-5 所示，对于这 4 种多尺度熵，两类噪声信号熵值的分布均存在不同程度的重叠，相对而言，对于精细复合变步长多尺度斜率熵，重叠部分相对较少，而传统多尺度斜率熵的重叠部分相对较多。具体而言，对于传统多尺度斜率熵，从尺度 6 到尺度 10 均存在重叠；对于精细复合多尺度斜率熵和变步长多尺度斜率熵，从尺度 7 到尺度 9 存在重叠部分。综上所述，经过改进的多尺度斜率熵在识别效果上也显著优于传统的多尺度斜率熵，这进一步证明了改进多尺度斜率熵的有效性。

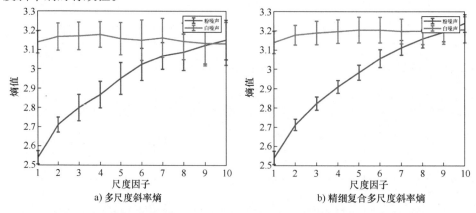

图 7-5　各类多尺度斜率熵的熵值曲线

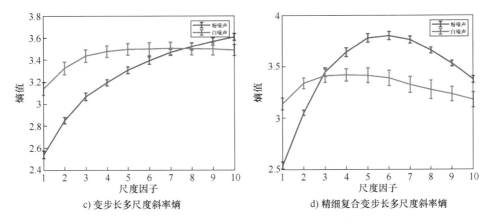

c) 变步长多尺度斜率熵　　　　　　d) 精细复合变步长多尺度斜率熵

图 7-5　各类多尺度斜率熵的熵值曲线（续）

7.3.3　新型多尺度 Lempel-Ziv 复杂度仿真实验

本实验选用 50 个独立的粉噪声、白噪声进行比较实验，其中每个独立噪声信号包含 4096 个采样点。通过计算两种噪声的熵值，来检验新型多尺度 LZC 对于不同噪声信号的区分能力。本节实验比较的复杂度指标包括多尺度散布模式 LZC、精细复合多尺度散布模式 LZC、变步长多尺度散布模式 LZC 和精细复合变步长多尺度散布模式 LZC。其中，嵌入维数 m 均取 4，类别数 c 取 6，时间延迟 τ 均为 1 以及尺度因子 s 均设为 10。图 7-6 给出了各类多尺度 LZC 的复杂度值曲线。

如图 7-6 所示，对于不同的新型多尺度 LZC，当尺度因子小于 4 时，粉噪声和白噪声均可被区分开。当尺度因子大于 4 时，对于多尺度散布模式 LZC 和精细复合多尺度散布模式 LZC，两种噪声的复杂度均值越来越接近，无法区分两种噪声。这种现象主要归因于随着尺度因子的增大，子序列长度缩短，导致复杂度值变得不稳定。相比之下，变步长多尺度散布模式 LZC 与精细复合变步长多尺度散布模式 LZC 则展现出了更优越的性能，克服了尺度因子对序列长度的限制。即，在尺度因子增大的情况下，粉噪声与白噪声复杂度的均值也仍保持一定的差异，特别是变步长多尺度散布模式 LZC，其标准差与均值均未出现重叠现象，能够完全区分这两种噪声。综上，变步长多尺度散布模式 LZC 对于不同噪声具有最强的可分性。

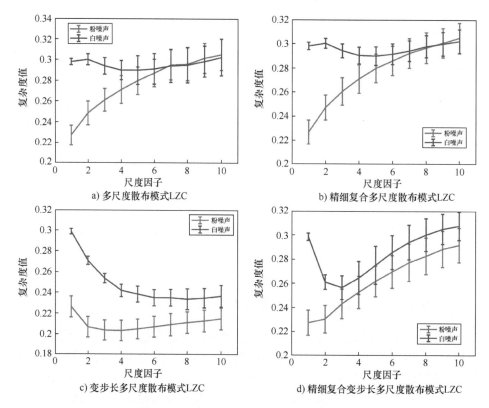

图 7-6　各类多尺度 LZC 的复杂度值曲线

7.3.4　新型多尺度分形维数仿真实验

本实验选用 50 个独立的紫噪声和蓝噪声进行分类,其中每个噪声信号有 4096 个采样点。通过计算这两种类型噪声的分形维数值,来评估这些新型多尺度分形维数在区分不同信号方面的能力。本实验比较的 4 种新型多尺度分形维数包括多尺度 Higuchi 分形维数、精细复合多尺度 Higuchi 分形维数、变步长多尺度 Higuchi 分形维数和精细复合变步长多尺度 Higuchi 分形维数。其中,最大延迟时间 k 均取 20,尺度因子 s 均设为 10。图 7-7 给出了各类新型多尺度分形维数值曲线。

如图 7-7 所示,对于多尺度 Higuchi 分形维数,无论尺度因子是几,都难以将两种噪声区分开来。精细复合多尺度 Higuchi 分形维数在尺度因子为 2 和 3 时能够区分开这两种噪声。这种现象的根本原因在于尺度因子的增大导致了子序列长度的缩短,进而导致了分形维数值的不稳定性。然而,对于变步长多尺度 Higuchi 分形维数和精细复合变步长多尺度 Higuchi 分形维数而言,情况有所不

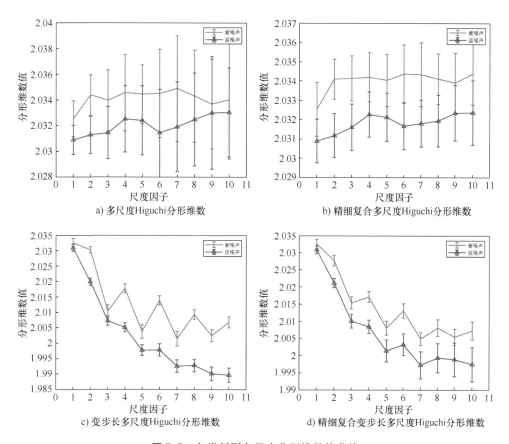

图 7-7　各类新型多尺度分形维数值曲线

同。这两种方法在大部分尺度因子下都能够完全区分两种噪声信号，只有一个尺度因子下存在重叠。因此，可以得出如下结论：变步长多尺度 Higuchi 分形维数和精细复合变步长多尺度 Higuchi 分形维数具有更强的区分能力，能够更好地区分不同的噪声信号，这使得它们在信号分类方面具有更大的潜力和优势。

7.4　新型多尺度非线性动力学特征应用研究

为了验证新型多尺度非线性动力学特征在信号特征提取领域中的应用，本节采用东南大学轴承及齿轮数据集，对实测的 5 类轴承及齿轮信号进行了特征提取实验，并通过深入研究和分析，揭示新型多尺度非线性动力学特征在轴承故障诊断中的重要作用，为机械故障诊断研究和工程应用提供有力的支持。

7.4.1 新型多尺度散布熵实测实验

轴承是机械设备中常用的零部件之一，其发生故障会导致设备停机、生产中断，因此轴承故障诊断研究具有重要意义。本实验采用了东南大学的轴承数据集中电机振动信号作为实验数据。5 类轴承状态信号均在转速-负载配置设定为 20 Hz-0V 的条件下采集。轴承状态信号类型包括滚动体故障、组合故障、健康状态、内圈故障、外圈故障。使用 4 种新型多尺度散布熵对轴承状态信号进行特征提取与分类。本实验从每段轴承状态信号中选取 200 个样本，每个样本含有 4096 个不重叠的采样点。5 类轴承状态信号的时域波形图如图 7-8 所示。

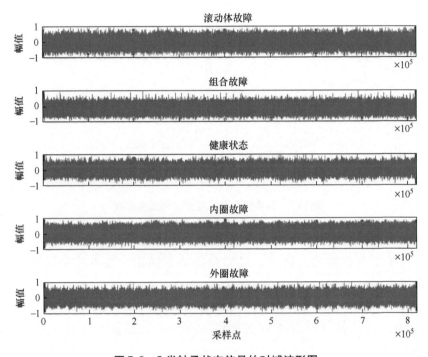

图 7-8 5 类轴承状态信号的时域波形图

分别计算 5 类轴承状态信号的 4 种新型多尺度散布熵。为了保证实验具有一致性，4 种新型多尺度散布熵均使用相同的参数设置。其中，类别数 c 均取 4，嵌入维数 m 均取 3，映射方式均为 NCDF，尺度因子 s 均取为 10。图 7-9 给出了 5 类轴承状态信号的 4 种新型多尺度熵值曲线。

如图 7-9 所示，就多尺度散布熵和精细复合多尺度散布熵而言，只有当尺

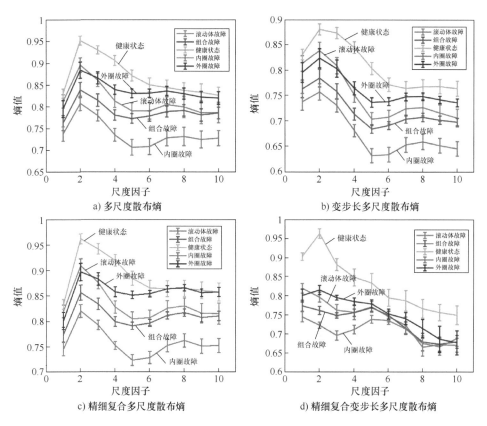

图 7-9 5 类轴承状态信号的 4 种新型多尺度熵曲线

度因子为 2~5 时，健康状态的熵值与其余 4 类轴承故障完全分离。此外，对于变步长多尺度散布熵，由于引入变步长处理，克服了尺度因子对熵值的影响，从而在尺度 9 和尺度 10 仍能够区分健康状态与其余 4 类故障状态。然而，对于精细复合变步长多尺度散布熵，其健康状态的熵值在所有尺度下与其余 4 类轴承故障的熵值均没有重叠，但是其内圈故障的特征与其余 3 类故障的特征在尺度因子大于 6 时出现重叠。综上所述，不同的新型多尺度散布熵对不同轴承状态信号的特征提取能力各有不同。

为了进一步证明 4 种新型多尺度散布熵在不同轴承状态信号特征提取方面的优势，本实验使用 k 近邻分类器来计算每种多尺度熵下 5 类轴承状态信号的识别率。其中，100 个样本用于训练集，100 个样本用于测试集。不同特征数量下的 4 种多尺度散布熵对 5 类轴承状态信号的平均识别率如表 7-1 所示。

表 7-1　不同特征数量下的 4 种多尺度散布熵对 5 类轴承状态信号的平均识别率（%）

特征数量	多尺度散布熵	精细复合多尺度散布熵	变步长多尺度散布熵	精细复合变步长多尺度散布熵
1	80.6	86.0	84.6	81.4
2	93.8	96.2	95.0	93.8
3	94.8	97.0	95.6	96.6
4	95.6	97.4	96.0	96.8
5	95.8	97.4	96.0	97.6
6	95.4	97.4	95.8	98.2
7	95.4	97.2	95.8	98.0
8	95.0	96.8	95.8	97.6
9	94.4	96.8	95.0	98.0
10	93.8	96.6	94.4	97.6

根据表 7-1 所示可知，多尺度散布熵在所有特征数量下的识别率均是最低的，最高识别率仅有 95.8%。精细复合多尺度散布熵和变步长多尺度散布熵在多特征情况下，对 5 类轴承状态信号的识别率较为接近，最高识别率分别为 97.4% 和 96.0%。然而，精细复合变步长多尺度散布熵在特征数量为 6 时，最高识别率为 98.2%，这说明了其具有较好的特征提取能力。

为了进一步凸显 4 种新型多尺度散布熵在轴承状态信号特征提取方面的优势，实验采用 t 分布随机邻近嵌入（t-distributed stochastic neighbor embedding, t-SNE）对 10 个特征进行降维。4 种新型多尺度散布熵提取 5 类轴承状态信号特征的可视化结果如图 7-10 所示。

如图 7-10 所示，对于多尺度散布熵、变步长多尺度散布熵和精细复合多尺度散布熵，组合故障和滚动体故障的特征具有重叠，所以这 3 种算法不能很好地区分这两类轴承信号。然而，对于精细复合变步长多尺度散布熵，相同类型的轴承状态信号的特征聚集在一起，不同类型轴承状态信号的样本几乎完全分开，这说明精细复合变步长多尺度散布熵对不同轴承状态信号具有优越的区分能力。

7.4.2　新型多尺度斜率熵实测实验

本实验选取了东南大学齿轮数据集中工况为 30Hz-2V 的 5 类齿轮状态信号作为研究对象，以进行特征提取实验。这 5 类齿轮状态信号包含了正常状态、

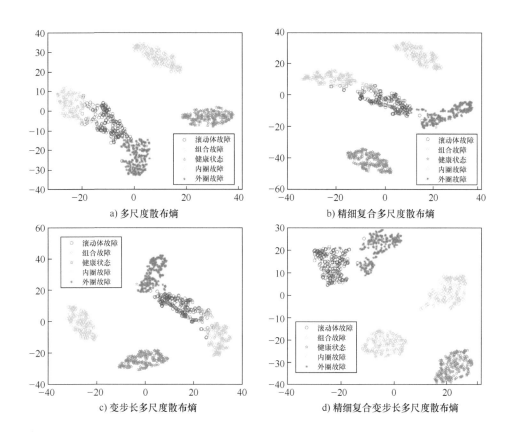

图 7-10 4 种新型多尺度散布熵提取 5 类轴承状态信号特征的可视化结果

断齿故障、缺齿故障、裂纹故障以及磨损故障，分别命名为齿轮 1、齿轮 2、齿轮 3、齿轮 4 和齿轮 5。信号的采样频率均为 5120Hz。其中，每种类型的齿轮状态信号均包含 200 个样本，每个样本则由 4096 个采样点构成。5 类齿轮状态信号的时域波形图如图 7-11 所示。

分别计算 5 类齿轮状态信号的多尺度斜率熵、精细复合多尺度斜率熵、变步长多尺度斜率熵和精细复合变步长多尺度斜率熵。其中，对于各种斜率熵，嵌入维数 m 均取 4，δ 取 0.1，γ 取 0.001。5 类齿轮状态信号的 4 种多尺度熵在不同尺度因子下的熵值曲线如图 7-12 所示。

如图 7-12 所示，对于这 4 种多尺度熵，5 类齿轮状态信号熵值的分布呈现出显著的混乱状态，且存在明显的重叠现象，难以区分不同类别的齿轮状态信号。为了进一步验证不同类型多尺度斜率熵的识别效果，选取其中 100 个作为训练样本，剩余 100 个作为测试样本，然后采用 k 近邻分类器进行分类。不同多

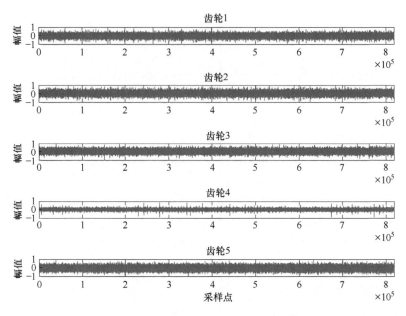

图 7-11　5 类齿轮状态信号的时域波形图

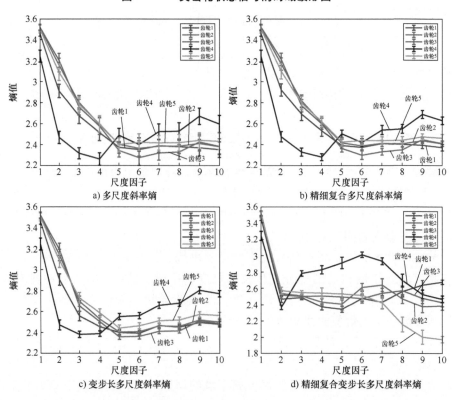

图 7-12　5 类齿轮状态信号的 4 种多尺度熵在不同尺度因子下的熵值曲线

尺度熵在每个尺度因子下的识别率如表 7-2 所示。

表 7-2　不同多尺度熵在每个尺度因子下的识别率（%）

尺度因子	1	2	3	4	5	6	7	8	9	10
多尺度斜率熵	47.00	61.00	46.40	43.40	28.80	28.00	36.00	31.40	40.80	34.80
精细复合多尺度斜率熵	47.00	63.00	49.20	47.00	35.20	39.20	52.20	48.60	54.20	53.80
变步长多尺度斜率熵	47.00	61.40	54.80	50.60	54.20	54.20	61.80	63.40	55.20	58.60
精细复合变步长多尺度斜率熵	47.00	46.80	55.00	59.60	54.20	54.20	59.00	55.00	64.80	68.80

由表 7-2 所示的识别率可知，在单尺度因子下，4 种多尺度熵的识别率普遍较低，最高分类识别率均未达到 70%。其中，精细复合多尺度斜率熵、变步长多尺度斜率熵和精细复合变步长多尺度斜率熵的整体识别效果是要优于传统的多尺度斜率熵，且精细复合变步长多尺度斜率熵在尺度 10 时的识别率最高，达到了 68.80%。但整体而言，这些多尺度熵的识别效果仍然不够理想，难以有效区分不同类别的齿轮状态信号。

由于在单一特征下无法有效地实现齿轮状态信号的准确识别，为了进一步提高特征提取的效果，依次增加提取尺度的数量。本节选取的特征数从 2 依次增加到 10，进行了多特征提取及分类实验。根据最高识别率的特征选择原理，分别选择在不同特征数量的下具有最高识别率的特征组合。多尺度熵在不同特征提取数量下的最高分类识别率如表 7-3 所示。

表 7-3　多尺度熵在不同特征提取数量下的最高分类识别率（%）

特征数量	2	3	4	5	6	7	8	9	10
多尺度斜率熵	77.25	82.25	85.50	86.25	86.75	87.25	86.75	85.50	69.40
精细复合多尺度斜率熵	93.50	93.25	95.00	95.25	96.00	97.00	96.75	96.25	88.20
变步长多尺度斜率熵	91.00	96.00	96.75	96.75	97.50	97.75	98.00	97.75	95.20
精细复合变步长多尺度斜率熵	94.25	99.50	100.0	100.0	100.0	100.0	100.0	100.0	100.0

由表 7-3 所示的识别率可知，多特征提取进一步提高了单特征提取的分类识别率，且随着提取特征数量的增加，分类识别率呈现出整体上升的趋势，充分表明了多特征提取在提升分类性能方面的有效性。与其他 3 种多尺度斜率熵

相比，精细复合变步长多尺度斜率熵的整体识别率有显著优势。当提取特征数量为 4 时，识别率已达到了 100%，分别比多尺度斜率熵、精细复合多尺度斜率熵、变步长多尺度斜率熵的最高识别率高 14.50%、5.00% 和 3.25%。这充分显示了精细复合变步长多尺度斜率熵在齿轮状态信号识别中的优越性能。经过改进的多尺度斜率熵在识别率上也显著优于传统的多尺度斜率熵，这进一步证明了改进多尺度斜率熵的有效性。

为了更直观地展示不同多尺度斜率熵之间的性能差异，使用 t-SNE 对提取的特征进行可视化，可视化结果如图 7-13 所示。可以看出，对于精细复合变步长多尺度斜率熵，属于同一类别的齿轮状态信号的熵值相对集中，而其他多尺度斜率熵提取的特征均存在不同程度的混叠现象。具体而言，对于多尺度斜率熵，除齿轮 4 外，其余齿轮信号的熵值分布均存在显著的重叠；在精细复合多尺度斜率熵中，齿轮 2、齿轮 3 和齿轮 5 的熵值彼此混杂，难以区分；相对而言，变步长多尺度斜率熵的混叠现象较轻，仅有个别样本信号存在重叠。综上所述，相较于传统的多尺度斜率熵，经过改进的多尺度斜率熵展现出了更为出色的性

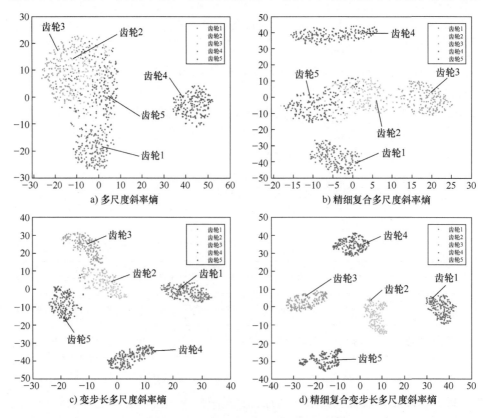

图 7-13 不同多尺度熵的 t-SNE 可视化结果

能。特别是在精细复合变步长多尺度斜率熵中，齿轮状态信号的聚类效果最佳，为区分不同类别的齿轮状态信号提供了更为有效的手段。

7.4.3 新型多尺度 Lempel-Ziv 复杂度实测实验

本实验选用了东南大学的轴承数据集，以电机振动信号作为实验数据，这些数据涵盖了轴承的健康状态、组合故障、内圈故障、外圈故障以及滚动体故障。对于选定的 5 类实测轴承状态信号，利用新型多尺度 LZC 进行特征提取和分类实验。每类轴承状态信号选取 819200 个采样点，并将其均匀划分为 200 个样本。每个样本包含 4096 个采样点，每个样本之间的重叠率为 0。5 类轴承状态信号的时域波形图如图 7-14 所示。

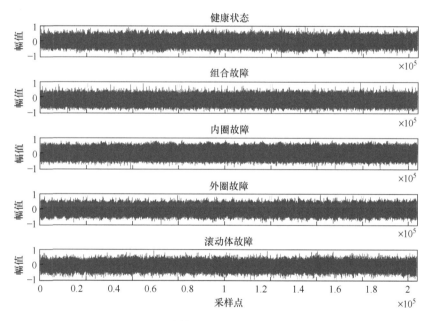

图 7-14　5 类轴承状态信号的时域波形图

针对 5 类不同状态的轴承状态信号，分别计算 200 个样本的 4 种新型多尺度 LZC 作为轴承状态信号的特征集。为了确保各种新型多尺度 LZC 的比较具有一致性，实验统一设定相关参数：类别数 c 均取 6，嵌入维数 m 均取 4，映射方式均为 NCDF，而尺度因子 s 则固定为 10。经过以上计算，对于每类轴承状态信号均可获取到 200×10 的特征矩阵集，为了直观地展现不同多尺度 LZC 在特征提取上的效果差异，绘制了该特征集 10 个尺度因子下的 5 类轴承状态信号的 LZC 值的均值与标准差，如图 7-15 所示。

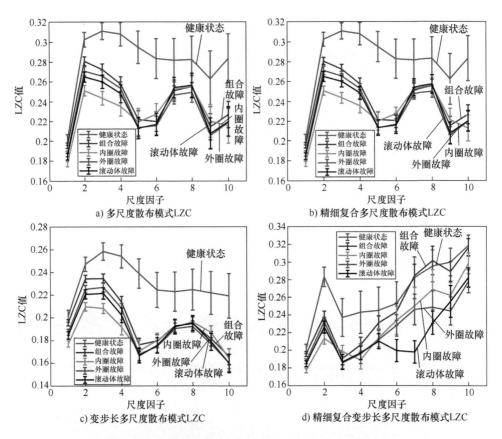

图 7-15　5 类轴承状态信号的 4 种 LZC 值的均值和标准差

如图 7-15 所示，除了精细复合变步长多尺度散布模式 LZC 外，其余 3 种多尺度 LZC 在尺度因子大于 2 时，健康状态的分布显得相对独立，能够较好地对健康状态进行区分，特别是变步长多尺度散布模式 LZC 的健康状态的分布最为显著；当尺度因子大于 2 时，其分布曲线并未出现与其他状态的重叠现象；但是，对于 4 类故障状态的区分，随着尺度因子的不断增大，这些 LZC 值的曲线逐渐趋于重合，使得不同故障之间的界限变得模糊，难以进行精确识别。对于精细复合变步长多尺度散布模式 LZC，随着尺度因子增大各 LZC 值的曲线差异逐渐增大，但是交叉现象仍比较严重。综上所述，单纯通过尺度因子增加特征数量可能并不是区分不同状态的有效方法，各个特征相互独立，在识别不同状态时，仍存在一定的局限性。

为了进一步验证不同新型多尺度 LZC 在轴承状态信号特征提取上的有效性，本实验采用了 k 近邻分类器，并通过识别率来更直观地对比不同新型多尺度 LZC

的优势。其中，选取训练样本和测试样本的比值为1:1。即，100个作为训练样本，剩余100个作为测试样本。表7-4给出了不同尺度因子下对5类轴承状态信号的识别率。

表7-4　不同尺度因子下对5类轴承状态信号的识别率（%）

尺度因子	多尺度散布模式LZC	精细复合多尺度散布模式LZC	变步长多尺度散布模式LZC	精细复合变步长多尺度散布模式LZC
1	60.4	60.4	60.4	60.4
2	69.2	73.0	70.8	64.2
3	58.4	67.6	69.4	44.2
4	51.4	56.8	56.4	40.8
5	41.6	41.8	46.0	42.4
6	41.0	47.4	44.4	42.2
7	36.8	36.0	45.0	50.2
8	31.6	33.8	40.2	41.2
9	33.8	40.4	43.8	41.8
10	33.2	43.8	41.4	40.0

如表7-4所示，在所有尺度因子下4种新型多尺度LZC的识别率均低于75%，无法精确区分出每一类状态。当尺度因子大于2时，不同种类多尺度LZC的识别率都呈现出总体下降的趋势。这是因为随着尺度因子的增大，子序列的长度不断缩短而导致复杂度特征提取不精确。尤其对于多尺度散布模式LZC影响最为明显，尺度因子大于5后，其识别率明显下降，最低识别率仅为31.6%。对于变步长多尺度散布模式LZC与精细复合变步长多尺度散布模式LZC，随着尺度因子的增大，识别率逐渐下降至41%左右并趋于稳定，因其设置了粗粒化序列的步长，有效缓解尺度因子对时间序列的长度的影响。综合以上分析，变步长多尺度散布模式LZC与精细复合变步长多尺度散布模式LZC虽然在单个尺度下的特征提取表现综合优于其余多尺度LZC，但是单个特征表达的信息有限，无法实现多种故障诊断的有效识别。

为了提高对不同故障的识别效果，进一步开展了多特征识别实验以充分利用多个尺度因子下的特征。在多特征识别实验中，不同数量特征下会出现过多的特征组合方式，为了简化对比过程，仅选取不同特征数量下达到的最高识别率作为分析依据。表 7-5 给出了不同特征数量下的多尺度 LZC 对轴承状态信号的高识别率。

表 7-5　不同特征数量下的多尺度 LZC 对轴承状态信号的高识别率（%）

特征数量	多尺度散布模式 LZC	精细复合多尺度散布模式 LZC	变步长多尺度散布模式 LZC	精细复合变步长多尺度散布模式 LZC
1	69.2	73.0	70.8	64.2
2	77.8	82.8	82.0	89.2
3	81.4	87.8	86.4	96.6
4	83.8	89.2	88.6	97.6
5	82.6	91.0	89.4	98.6
6	85.0	91.4	89.4	99.4
7	84.0	91.8	90.6	99.6
8	82.2	92.2	90.6	99.6
9	81.2	91.6	91.0	99.8
10	78.8	89.4	90.2	99.4

如表 7-5 所示，多尺度散布模式 LZC 在多特征情况下识别率均是最低的，最高仅为 85.0%，表明其识别效果最差，多尺度散布模式 LZC 在复杂多特征下对轴承状态信号的识别能力相对较弱，无法充分捕捉和解析轴承状态的关键信息；精细复合多尺度散布模式 LZC 与变步长多尺度散布模式 LZC 的识别率比较接近，具有类似的识别效果，最高识别率分别达到了 92.2% 和 91.0%；对于精细复合变步长多尺度散布模式 LZC，虽然其在单特征下识别率要低于其余两种新型多尺度散布模式 LZC，但在不同的特征数量下识别率均为最高，并且在特征数量为 9 时识别率达到最大值 99.8%，这表明其不同尺度因子下的特征之间具有更强的协同互补作用。综上所述，通过对表 7-5 所示数据的深入分析和比较，可以得出精细复合变步长多尺度散布模式 LZC 在轴承故障识别方面表现出色，其对故障信号的特征表征能力最佳，更适用于机械故障的诊断。

为更直观地观察不同多尺度 LZC 的特征提取表现，实验采用了 t-SNE 可视化算法，将原本高维度的特征矩阵集有效降维至低维空间。本实验将 200×10 的特征矩阵集降维成 200×2，使得不同多尺度 LZC 在特征提取效果能够在二维平面上直观展现。5 类轴承状态信号特征可视化结果如图 7-16 所示。

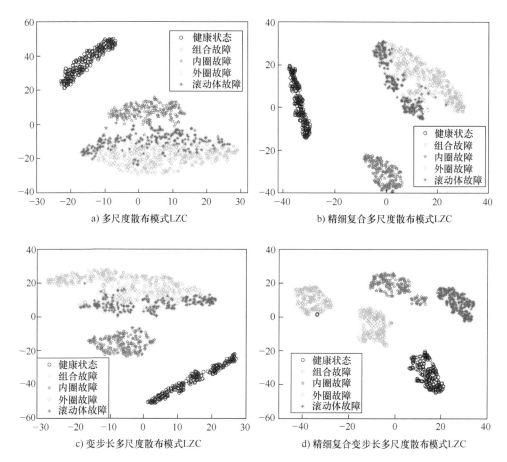

图 7-16　5 类轴承状态信号特征可视化结果

如图 7-16 所示，除多尺度散布模式 LZC 外，其余 3 种多尺度散布模式 LZC 中健康状态与内圈故障的特征分布均是独立的，可被精确识别。散布模式 LZC 的多尺度，精细复合多尺度与变步长多尺度散布模式 LZC，对组合故障、外圈故障与滚动体故障的特征分布没有明显的界线，导致无法有效识别出 3 种故障状态。其中，在多尺度散布模式 LZC 的可视化结果中，组合故障与外圈故障样本间的重叠现象最为严重，几乎完全重合；相对而言，在精细复合变步长多尺度散布模式 LZC 的可视化结果中，5 类状态信号的特征只有个别样本出现重叠现象，分布更为独立并且具有明显的界限，并且每种状态的轴承信号的特征分布更为集中具有更强聚类性，这表明了其特征的鲁棒性和稳定性更强。综合以上分析，可以得出精细复合变步长多尺度能够提取出更为全面和准确的故障特征信息，在故障信号特征表征方面具有更突出的优势。

7.4.4 新型多尺度分形维数实测实验

本实验采用了东南大学的齿轮数据集中电机振动信号作为实验数据，齿轮信号均在转速-负载配置设定为 30Hz-2V 的条件下采集，对应状态主要包括健康状态、齿轮缺口、断齿、齿根故障以及齿面故障，并使用 4 种新型多尺度分形维数对齿轮状态信号进行特征提取与分类。本实验从每段齿轮状态信号中选取 200 段子信号作为实验数据，每段子信号的长度为 4096 个点。5 类齿轮状态信号的时域波形图如图 7-17 所示。

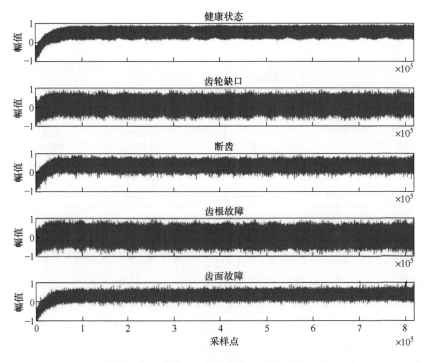

图 7-17　5 类齿轮状态信号的时域波形图

分别计算 5 类齿轮状态信号的多尺度分形维数值。其中，最大延迟时间 k 均取 20，尺度因子 s 均取 10。首先，通过 4 种多尺度分形维数计算齿轮状态信号在十个尺度因子下的分形维数值。图 7-18 给出了 5 类齿轮状态信号的 4 种分形维数值的均值和标准差。如图 7-18 所示，4 种多尺度 Higuchi 分形维数的 5 类齿轮状态信号的分形维数曲线都会随着尺度因子的增大逐渐重合在一起，难以精确识别。对于变步长多尺度 Higuchi 分形维数，5 类齿轮状态信号的交叉现象不如其他 3 种算法的明显。综上，4 种多尺度 Higuchi 分形维数在单特征情况下都无法准确识别不同状态的齿轮信号。

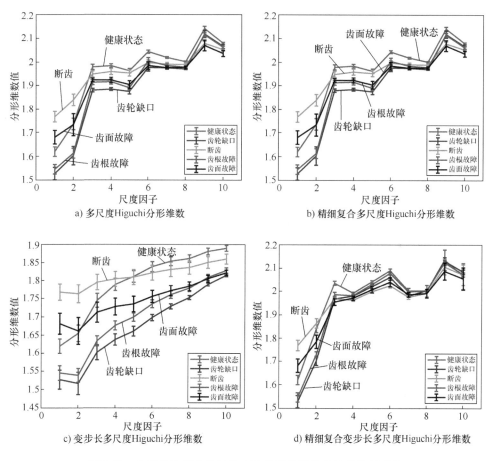

图 7-18　5 类齿轮状态信号的 4 种分形维数值的均值和标准差

为了进一步验证不同多尺度分形维数对不同齿轮状态信号进行分类识别的有效性，与先前一样采用 k 近邻分类器，计算了不同尺度因子下新型分形维数的齿轮状态信号识别率，来更直观地对比不同新型多尺度分形维数的优势。不同尺度因子下的新型多尺度分形维数的齿轮状态识别率如表7-6所示。如表7-6所示，当尺度因子为1时，4种新型多尺度分形维数对4种齿轮信号的识别率相同且都为73.8%。这是由于当尺度因子为1时，4种多尺度处理所产生的粗粒化序列都完全相同，因此识别率相同；并且，由于尺度因子的增大会导致产生的粗粒化序列缩短进而造成信息丢失，因此尺度因子较小时的识别率整体上高于尺度因子较大时的识别率。例如，随着尺度因子的增加，识别率整体上是在不断降低的。

表7-6 不同尺度因子下的新型多尺度分形维数的齿轮状态识别率（%）

尺度因子	多尺度Higuchi分形维数	精细复合多尺度Higuchi分形维数	变步长多尺度Higuchi分形维数	精细复合变步长多尺度Higuchi分形维数
1	73.8	73.8	73.8	73.8
2	64.6	66.8	61.6	61.8
3	71.4	70.8	70.0	52.2
4	70.6	71.4	69.6	43.2
5	55.0	54.8	67.6	50.0
6	50.8	51.6	69.0	59.0
7	56.2	52.8	64.6	55.8
8	54.0	57.6	65.0	33.8
9	59.0	59.4	64.8	38.6
10	50.8	52.2	63.6	40.4

然而，4种多尺度分形维数在单特征的情况下识别率最高仅达到73.8%，难以达到良好的识别效果。因此，本实验提取了更多的特征对齿轮状态信号进行分类识别。表7-7给出了不同特征数量下的新型多尺度分形维数的齿轮状态识别率。如表7-7所示，多尺度Higuchi分形维数在多特征情况总体的识别率均是最低，最高仅达到99.2%，表明其识别效果最差；对于精细复合多尺度Higuchi分形维数与变步长多尺度Higuchi分形维数，当特征数较大时，识别率比较接近，具有类似的识别效果；精细复合变步长多尺度Higuchi分形维数虽在双特征时识别率最低，但其余特征数量下识别率均为最高，并且在特征数量为6时

识别率达到最大值100%并保持稳定。综上分析可知，精细复合变步长多尺度 Higuchi 分形维数对不同齿轮信号的分类识别能力最佳，更适用于机械故障诊断。

表 7-7　不同特征数量下的新型多尺度分形维数的齿轮状态识别率（%）

特征数量	多尺度 Higuchi 分形维数	精细复合多尺度 Higuchi 分形维数	变步长多尺度 Higuchi 分形维数	精细复合变步长多尺度 Higuchi 分形维数
2	96.4	96.8	97.8	96.4
3	98.2	98.2	98.6	99.2
4	98.8	99.0	99.0	99.8
5	99.2	99.0	99.2	99.8
6	99.2	99.2	99.2	100
7	99.2	99.2	99.2	100
8	99.0	99.2	99.2	100
9	98.8	99.2	99.2	100
10	98.4	99.0	99.0	100

为了清晰地比较不同多尺度分形维数对不同类型故障状态的分类识别效果，本节利用了 t-SNE 技术进行了特征可视化。5 类齿轮状态信号的可视化结果如图 7-19 所示。这项技术可以将原本的十维特征映射到一个二维平面上，从而能够直观地观察特征之间的关系。在观察可视化结果时，发现精细复合变步长多尺度 Higuchi 分形维数能够更准确地区分出 5 类不同的齿轮信号，5 类齿轮状态信号的特征分布重叠较少并且每类信号的特征分布更加集中。这意味着该方法在识别不同故障状态方面具有很高的准确性和可靠性。然而，对于其他 3 种新型多尺度分形维数而言，它们的齿轮缺口和齿根故障的特征分布边界之间存在重叠，这使得很难将这两种类型的齿轮信号有效地区分开来。这表明这些方法在区分故障类型时存在一定的困难，可能需要更多的优化和改进。因此，综合考虑以上观察结果，可以得出如下结论：精细复合变步长多尺度 Higuchi 分形维数在齿轮信号特征表征方面具有明显的优势，能够更准确地识别和分类不同类型的齿轮状态，而其他新型多尺度分形维数则需要进一步的改进和优化才能提高其分类识别的准确性和可靠性。

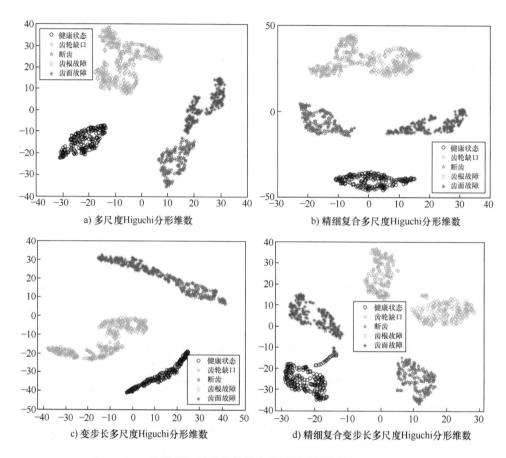

图 7-19　5 类齿轮状态信号的可视化结果

7.5　小结

本章首先介绍了基于非线性动力学特征的传统的多尺度处理方法，在此基础上，详细阐述了一系列多尺度处理技术的改进算法；然后，为了验证新型多尺度处理改进算法的有效性，以散布熵、斜率熵、LZC 和分形维数为基础，分别进行了多种改进多尺度处理；之后，借助仿真信号和实测信号的特征提取实验对不同类型多尺度处理的性能进行了全面的对比。以下是本章的主要研究内容：

（1）详细阐述了多种改进多尺度的基本原理，包括精细复合多尺度处理、变步长多尺度处理以及精细复合变步长多尺度处理，为后续的信号分析和特征提取工作提供了坚实的理论和方法论基础。

（2）开展了基于新型多尺度散布熵、多尺度斜率熵、多尺度 LZC 及多尺度分形维数的仿真信号特征提取实验。仿真实验结果表明，相较于传统的多尺度非线性动力学特征，经过改进的多尺度非线性动力学特征在处理噪声信号时表现出更高的可分性，这进一步证实了改进多尺度理论上的优越性。

（3）开展了基于新型多尺度散布熵、多尺度斜率熵、多尺度 LZC 及多尺度分形维数的实测信号特征提取实验。实测实验结果表明，经过改进的多尺度非线性动力学特征在识别率上显著优于传统的多尺度非线性动力学特征，这充分证明了其在机械工程领域中拥有巨大潜力和广泛的应用价值。

第8章 基于新型非线性动力学特征与模态分解的信号特征提取方法

8.1 经验模态分解及其改进算法

8.1.1 经验模态分解

经验模态分解（empirical mode decomposition，EMD）[85]的目的是将任何数据分解为一组固有模态函数。其具体的分解步骤可以表示如下：

（1）假设目标信号为 $x(t)$，$x(t)$ 可为任意信号。首先，找到 $x(t)$ 上所有的极大值和极小值点。

（2）采用三次样条函数曲线对所有的极大值点进行插值，从而拟合出原始信号 $x(t)$ 上的包络曲线 $x_{\max}(t)$。同理，通过三次样条插值法也可以得到下包络曲线 $x_{\min}(t)$。以上得到的上包络曲线和下包络曲线包含了原始信号 $x(t)$ 的主要数据信息。

（3）确定上、下包络曲线的均值曲线 $m_1(t)$。按顺序连接上、下两条包络线的均值就可以得到一条均值线 $m_1(t)$，即

$$m_1(t) = [x_{\max}(t) + x_{\min}(t)]/2 \tag{8-1}$$

（4）确定剩余信号 $h_1(t)$。将 $m_1(t)$ 从 $x(t)$ 中剔除可以得到 $h_1(t)$，即

$$h_1(t) = x(t) - m_1(t) \tag{8-2}$$

Huang 等人将以上处理步骤称为"筛分"过程。筛分的主要目的是使波形更加对称，保证进行希尔伯特变换时得到的瞬时频率具有实际的物理意义。此外，筛分还可以保证相邻波幅度不会存在较大差异，通常这个筛分过程需要进行多次。因此，在后续的筛分过程中，将 $h_1(t)$ 视为原数据并重复执行以上步骤，可以得到 $h_{11}(t)$，即

$$h_{11}(t) = h_1(t) - m_{11}(t) \tag{8-3}$$

式中，$h_{11}(t)$ 为第一次重复筛分得到的剩余部分；$m_{11}(t)$ 为第一次重复筛分得到

的均值曲线。当筛分过程被执行 k 次，且得到的剩余部分满足固有模态函数条件，此时可以得到 $h_{1k}(t)$，即

$$h_{1k}(t) = h_{1(k-1)}(t) - m_{1k}(t) \tag{8-4}$$

式中，$h_{1k}(t)$ 为第 k 次筛分得到的剩余部分；$h_{1(k-1)}$ 为第 $k-1$ 次筛分得到的剩余部分；m_{1k} 为第 k 次筛分得到的均值曲线。

第 k 次筛分得到的 $h_{1k}(t)$ 满足固有模态函数条件，因此，令 $h_{1k}(t)$ 为第一阶固有模态函数，可表示为

$$c_1(t) = h_{1k}(t) \tag{8-5}$$

式中，$c_1(t)$ 为目标信号 $x(t)$ 的第一个振荡周期最短的固有模态函数（intrinsic mode function，IMF），可将其记作 IMF1。

（5）确定第一阶固有模态函数的余量 $r_1(t)$。根据目标信号 $x(t)$ 和 $c_1(t)$ 可以得到余量 $r_1(t)$，即

$$r_1(t) = x(t) - c_1(t) \tag{8-6}$$

（6）确定剩余固有模态函数及余量。余量 $r_1(t)$ 依然包括目标信号其他尺度的固有模态函数，因此，将 $r_1(t)$ 视为新的目标信号，重复上述步骤（1）~步骤（5），直到最后一个固有模态函数的余量为一个单调函数，此时无法提取新的固有模态函数，整个经验模态分解过程完成。

最终，可以将目标信号表示为

$$x(t) = \sum_{j=1}^{n} c_j(t) + r_n(t) \tag{8-7}$$

式中，n 为固有模态函数的总数；$c_j(t)$ 为第 j 个固有模态函数，其中 $j \leq n$；$r_n(t)$ 为第 n 阶固有模态函数的余量。各固有模态函数按照振荡周期或尺度由小到大逐次分解获得，随着 j 的增加 $c_j(t)$ 的频率逐渐降低。

8.1.2 集合经验模态分解

集合经验模态分解（ensemble empirical mode decomposition，EEMD）[112] 是加噪后多次经验模态分解的平均。其具体的分解步骤可以表示如下：

（1）假设目标信号为 $x(t)$，$x(t)$ 可为任意信号，首先将 $x(t)$ 与一定数量幅值有限的白噪声进行叠加，可以得到多个待分解信号，有

$$x_i(t) = x(t) + n_i(t) \quad i = 1, 2, \cdots, N \tag{8-8}$$

式中，$x_i(t)$ 为第 i 个加噪信号；$n_i(t)$ 为第 i 个白噪声信号；N 为加入白噪声的数量。

（2）分别对每个 $x_i(t)$ 进行经验模态分解，可得到相应的固有模态函数组合和余量，分解过程可表示为

$$\begin{pmatrix} x_1(t) \\ x_2(t) \\ \vdots \\ x_i(t) \\ \vdots \\ x_N(t) \end{pmatrix} \xrightarrow{\text{EMD}} \begin{pmatrix} c_{11}(t) & c_{12}(t) & c_{13}(t) & \cdots & c_{1j}(t) & r_1(t) \\ c_{21}(t) & c_{22}(t) & c_{23}(t) & \cdots & c_{2j}(t) & r_2(t) \\ \vdots & \vdots & \vdots & & \vdots & \vdots \\ c_{i1}(t) & c_{i2}(t) & c_{i3}(t) & \cdots & c_{ij}(t) & r_i(t) \\ \vdots & \vdots & \vdots & & \vdots & \vdots \\ c_{N1}(t) & c_{N2}(t) & c_{N3}(t) & \cdots & c_{Nj}(t) & r_N(t) \end{pmatrix} \quad (8\text{-}9)$$

式中，$c_{ij}(t)$ 为第 i 个加噪信号经过经验模态分解得到的第 j 个固有模态函数；$r_i(t)$ 为第 i 个加噪信号经过经验模态分解得到的余量。

（3）确定集合经验模态分解的固有模态函数。计算 N 次经验模态分解的同阶固有模态函数均值 $c_j(t)$ 为

$$c_j(t) = \frac{1}{N}\sum_{i=1}^{N} c_{i,j}(t) \quad (8\text{-}10)$$

（4）集合经验模态分解结果可以表示为

$$x(t) = \sum_{j=1}^{L} c_j(t) + r(t) \quad (8\text{-}11)$$

式中，L 为集合经验模态分解的固有模态函数总数；$r(t)$ 为集合经验模态分解的余量。与经验模态分解相比，集合经验模态分解通过引入白噪声，保证了不同尺度振荡模态的连续性，从而在一定限度上抑制了模态混叠现象。

8.1.3 完全自适应噪声集合经验模态分解

为了避免集合经验模态分解中每次添加白噪声后经验模态分解得到的固有模态函数数量不一致的问题，Torres 等人提出了噪声自适应完备集合经验模态分解（complete ensemble empirical mode decomposition with adaptive noise，CEEMDAN）[113]。该算法的原理是通过向目标信号中加入多次白噪声并分别进行经验模态分解。与集合经验模态分解不同，该算法对每个加噪信号进行经验模态分解时只分解出第一个模态和余量，这样不会出现经验模态分解后的模态数量不一致的问题。将多次经验模态分解得到的第一个模态求和取平均可依次得到最终的所有固有模态函数及余量。

噪声自适应完备集合经验模态分解，是以经验模态分解为基础，对集合经验模态分解的改进。其具体分解步骤可以表示如下：

（1）首先，向目标信号 $x(t)$ 中加入白噪声 $n_i(t)$，可以得到多个待分解信号，有

$$x_i(t) = x(t) + n_i(t) \quad i = 1,2,\cdots,N \quad (8\text{-}12)$$

式中，$x_i(t)$ 为第 i 个加噪信号；$n_i(t)$ 为第 i 个白噪声信号；N 为白噪声的总

个数。

(2) 分别对每个 $x_i(t)$ 进行经验模态分解，且只分解出第一个模态和余量的分解过程可表示为

$$\begin{pmatrix} x_1(t) \\ x_2(t) \\ \vdots \\ x_i(t) \\ \vdots \\ x_N(t) \end{pmatrix} \xrightarrow{\text{EMD}} \begin{pmatrix} c_{11}(t) & r_1(t) \\ c_{21}(t) & r_2(t) \\ \vdots & \vdots \\ c_{i1}(t) & r_i(t) \\ \vdots & \vdots \\ c_{N1}(t) & r_N(t) \end{pmatrix} \tag{8-13}$$

式中，$c_{i1}(t)$ 为第 i 个加噪信号经验模态分解得到的第 1 个固有模态函数；$r_i(t)$ 为第 i 个加噪信号去掉第一个模态的余量。

(3) 确定第一个固有模态函数，并计算 N 次经验模态分解中第一个固有模态函数的均值 $c_1(t)$，有

$$c_1(t) = \frac{1}{N} \sum_{i=1}^{N} c_{i1}(t) \tag{8-14}$$

(4) 确定第一个模态的余量 $r_1(t)$，可以表示为

$$r_1(t) = x(t) - c_1(t) \tag{8-15}$$

(5) 将加入的白噪声 $c_{ij}(t)$ 进行经验模态分解，分解过程可以表示为

$$\begin{pmatrix} n_1(t) \\ n_2(t) \\ \vdots \\ n_i(t) \\ \vdots \\ n_N(t) \end{pmatrix} \xrightarrow{\text{EMD}} \begin{pmatrix} C_{n_11}(t) & C_{n_12}(t) & C_{n_13}(t) & \cdots & C_{n_1j}(t) & r_{n_1}(t) \\ C_{n_21}(t) & C_{n_22}(t) & C_{n_23}(t) & \cdots & C_{n_2j}(t) & r_{n_2}(t) \\ \vdots & \vdots & \vdots & & \vdots & \vdots \\ C_{n_i1}(t) & C_{n_i2}(t) & C_{n_i3}(t) & \cdots & C_{n_ij}(t) & r_{n_i}(t) \\ \vdots & \vdots & \vdots & & \vdots & \vdots \\ C_{n_N1}(t) & C_{n_N2}(t) & C_{n_N3}(t) & \cdots & C_{n_Nj}(t) & r_{n_N}(t) \end{pmatrix} \tag{8-16}$$

式中，$C_{n_ij}(t)$ 为第 i 个白噪声信号经验模态分解得到的第 j 个固有模态函数；$r_{n_i}(t)$ 为第 i 个白噪声信号经经验模态分解得到的余量。

为了便于表示，定义函数 $E_j(s_i(t))$ 表示信号 $s_i(t)$ 经过经验模态分解得到的第 j 个固有模态函数的集合，那么 $E_1(n_i(t))$ 可以表示为

$$E_1(n_i(t)) = (C_{n_11}(t) \quad C_{n_21}(t) \quad \cdots \quad C_{n_i1}(t) \quad \cdots \quad C_{n_N1}(t))^{\mathrm{T}} \tag{8-17}$$

式中，T 为转置符号。

(6) 构造待分解信号 $\text{xnew}_1(t)$，并进行经验模态分解，分解过程表示为

$$\text{xnew}_1(t) = r_1(t) + E_1(n_i(t)) \tag{8-18}$$

$$\text{xnew}_1(t) = r_1(t) + \begin{pmatrix} C_{n_11}(t) \\ C_{n_21}(t) \\ \vdots \\ C_{n_i1}(t) \\ \vdots \\ C_{n_N1}(t) \end{pmatrix} \xrightarrow{\text{EMD(分解第一阶)}} \begin{pmatrix} C_{r_1n_11}(t) \\ C_{r_1n_2,1}(t) \\ \vdots \\ C_{r_1n_i,1}(t) \\ \vdots \\ C_{r_1n_N,1}(t) \end{pmatrix} \quad (8\text{-}19)$$

式中，$C_{r_1n_i1}(t)$ 为加入 $C_{n_i1}(t)$ 噪声信号后经验模态分解得到的第 1 个固有模态函数。

（7）确定第二个模态 $c_2(t)$ 及其余量 $r_2(t)$，分别表示为

$$c_2(t) = \frac{1}{N} \sum_{i=1}^{N} C_{r_1n_i1}(t) \quad (8\text{-}20)$$

$$r_2(t) = r_1(t) - c_2(t) \quad (8\text{-}21)$$

（8）通过构造新的待分解信号并重复步骤（6）和步骤（7）可以确定第 j 个模态及其余量，分别表示为

$$\text{xnew}_{j-1}(t) = r_{j-1}(t) + E_{j-1}(n_i(t)) \quad (8\text{-}22)$$

$$c_j(t) = \frac{1}{N} \sum_{i=1}^{N} C_{r_{j-1}n_i1}(t) \quad (8\text{-}23)$$

$$r_j(t) = r_{j-1}(t) - c_j(t) \quad (8\text{-}24)$$

（9）最终，经过噪声自适应完备经验模态分解的目标信号 $x(t)$ 及余量 $r(t)$ 可以表示为

$$x(t) = \sum_{j=1}^{L} C_j(t) + r(t) \quad (8\text{-}25)$$

$$r(t) = x(t) - \sum_{j=1}^{L} C_j(t) \quad (8\text{-}26)$$

式中，L 为固有模态函数数量。

8.2 变分模态分解及其改进算法

8.2.1 变分模态分解

变分模态分解（variational mode decomposition，VMD）[114]是一种新的基于维纳滤波、希尔伯特变换及混频的自适应分解方法，通过搜寻约束变分模型的最优解可将原信号分解成一组具有稀疏特性的固有模态函数（intrinsic mode function，IMF）。每个固有模态函数具有中心频率和有限的带宽，通过对中心频率和带宽的更新，最终获得带宽之和最小的固有模态函数，且模态之和等于原信号。下面介绍变分问题构造的具体步骤。

（1）假设存在待分解信号为

$$y(t) = \sum_{k=1}^{K} u_k(t) = \sum_{k=1}^{K} A_k(t)\cos[\varphi_k(t)] \tag{8-27}$$

式中，$u_k(t)$为分解后的 IMF 分量；K为分解数目；$A_k(t)$为$u_k(t)$的幅值；$\varphi_k(t)$为$u_k(t)$的相位角。

（2）分别对每个固有模态函数进行希尔伯特变换，得到其解析信号为

$$\left(\delta(t) + \frac{j}{\pi t}\right)u_k(t) \tag{8-28}$$

式中，$\delta(t)$为脉冲函数。

（3）将得到的各个模态的单边频谱与预先估计的中心频率$e^{-j\omega_k t}$相乘，从而将各模态的频谱转移到相应的基频带，即

$$\left[\left(\delta(t) + \frac{j}{\pi t}\right)u_k(t)\right] * e^{-j\omega_k t} \tag{8-29}$$

式中，ω_k为第k个模态的角频率；$*$为卷积符号。

（4）计算解调信号的梯度的二次方范数，估计每个固有模态函数的带宽。构造各模态约束变分模型为

$$\begin{cases} \min_{\{u_k\},\{\omega_k\}} \left\{ \sum_{k=1}^{K} \left\| \partial_t \left[\left(\delta(t) + \frac{j}{\pi t}\right)u_k(t) \right] * e^{-j\omega_k t} \right\|_2^2 \right\} \\ \sum_{k=1}^{K} u_k = f \end{cases} \tag{8-30}$$

式中，$\{u_k\} = \{u_1,\cdots,u_K\}$，为分解得到的 K 个 IMF 分量；$\{\omega_k\} = \{\omega_1,\cdots,\omega_K\}$，为各模态的中心频率；$f$为输入原信号。

（5）为了解决上述约束性变分问题，引入惩罚因子α和拉格朗日（Lagrange）乘子，将其变为非约束性变分问题。惩罚因子的引入可使在高斯噪声存在的情况下保证信号的重构精度，拉格朗日乘子则保证了约束条件的严格性，得到扩展的拉格朗日表达式为

$$\begin{aligned} L(\{u_k\},\{\omega_k\},\lambda) = &\alpha \sum_{k=1}^{K} \left\| \partial t \left[\left(\delta(t) + \frac{j}{\pi t}\right)u_k(t) \right] * e^{-j\omega_k t} \right\|_2^2 + \\ &\left\| f(t) - \sum_{k=1}^{K} u_k(t) \right\|_2^2 + \left\langle \lambda(t), f(t) - \sum_{k=1}^{K} u_k(t) \right\rangle \end{aligned} \tag{8-31}$$

式中，λ为拉格朗日乘子。

(6) 式（8-30）的问题变为寻找迭代优化序列中的增广拉格朗日的"鞍点"，采用交替方向乘子算法（ADMM）可求取其"鞍点"，从而得到估计的 u_k 及相应的 $\lambda(t)$ 和 ω_k。求解公式为

$$\begin{cases} \hat{u}_k^{n+1}(\omega) = \dfrac{\hat{f}(\omega) - \sum_{i<k}\hat{u}_i^n(\omega) - \sum_{i>k}\hat{u}_i^n(\omega) + \dfrac{\hat{\lambda}^n(\omega)}{2}}{1 + 2\alpha(\omega - \omega_k^n)^2} \\ \omega_k^{n+1} = \dfrac{\int_0^\infty \omega\,|\hat{u}_k^{n+1}|^2\mathrm{d}\omega}{\int_0^\infty |\hat{u}_k^{n+1}|^2\mathrm{d}\omega} \\ \hat{\lambda}^{n+1}(\omega) = \hat{\lambda}^n(\omega) + \tau\left[\hat{f}(\omega) - \sum_k \hat{u}_k^{n+1}(\omega)\right] \end{cases} \quad (8\text{-}32)$$

式中，$\hat{f}(\omega)$、$\hat{\lambda}^n(\omega)$、$\hat{u}_k^n(\omega)$ 分别为 $f(\omega)$、$\lambda^n(\omega)$、$u_k(\omega)$ 的傅里叶变换；τ 为噪声容限系数；n 为迭代次数。

(7) 给定判定精度 $\varepsilon>0$，若满足式（8-33）所示的收敛条件，则停止迭代；若不满足，则继续迭代。

$$\sum_k \|\hat{u}_k^{n+1} - \hat{u}_k^n\|_2^2 / \|\hat{u}_k^n\|_2^2 < \varepsilon \quad (8\text{-}33)$$

对迭代完成的 $\hat{u}_k^n$ 进行傅里叶反变换，获得 K 个具有一定带宽且围绕中心频率波动的 IMF 分量。

8.2.2 连续变分模态分解

作为 VMD 的改进算法，连续变分模态分解（successive variational mode decomposition，SVMD）[115]通过引入约束准则来自适应地实现 IMF 分解，可连续提取 IMF 且不需要设置 IMF 的数量。与 VMD 相比，SVMD 的计算复杂度较低，并且对 IMF 中心频率初始值的鲁棒性更强。下面介绍 SVMD 的求解过程。

对于输入信号 $f(t)$，假设其被分解为

$$f(t) = u_L(t) + f_r(t) \quad (8\text{-}34)$$

式中，$u_L(t)$ 为第 L 阶 IMF；$f_r(t)$ 为残余信号。$f_r(t)$ 包括两部分，即

$$f_r(t) = \sum_{i=1}^{L-1} u_i(t) + f_u(t) \quad (8\text{-}35)$$

式中，$\sum_{i=1}^{L-1} u_i(t)$ 为先前获得的 IMF 总和；$f_u(t)$ 为未处理的部分。为了保证上述假设的实现，建立了如下 4 个约束准则：

(1) 每个 IMF 应紧密地围绕其中心频率，因此，$u_L(t)$ 可通过最小化下述约束条件来实现。约束条件 J_1 为

$$J_1 = \left\| \partial_t \left[\left(\delta(t) + \frac{j}{\pi t} \right) u_L(t) \right] * e^{-j\omega_L t} \right\|_2^2 \quad (8\text{-}36)$$

式中，$\|\cdot\|_2^2$ 为范式计算；$\delta(t)$ 为脉冲函数；∂_t 为求偏导符号；ω_L 为 L 阶 IMF 的中心频率。

（2）残余信号 $f_r(t)$ 的能量在 $u_L(t)$ 中有效分量的频率处最小。为了保证该约束能够稳定实现，选用合适的滤波器 $\hat{\beta}_L(\omega)$。其频率响应为

$$\hat{\beta}_L(\omega) = \frac{1}{\alpha(\omega - \omega_L)^2} \quad (8\text{-}37)$$

式中，α 为平衡参数。为了使 $f_r(t)$ 和 $u_L(t)$ 之间的频谱重叠最小化，于是建立约束条件 J_2 为

$$J_2 = \|\beta_L(t) f_r(t)\|_2^2 \quad (8\text{-}38)$$

式中，$\beta_L(t)$ 为 $\hat{\beta}_L(\omega)$ 滤波器的脉冲响应。

（3）通过最小化 J_1 和 J_2 约束，可能无法有效区分第 L 阶 IMF 和前 $L-1$ 阶 IMF。为了避免这种情况，该约束可以通过建立约束条件 J_2 中使用的类似方法来满足，即使用适当的滤波器 $\hat{\beta}_i(\omega)$，频率响应为

$$\hat{\beta}_i(\omega) = \frac{1}{\alpha(\omega - \omega_i)^2} \quad i = 1, 2, \cdots, L-1 \quad (8\text{-}39)$$

于是，所建立的约束条件 J_3 为

$$J_3 = \sum_{i=1}^{L-1} \|\beta_i(t) u_L(t)\|_2^2 \quad (8\text{-}40)$$

式中，$\beta_i(t)$ 为 $\hat{\beta}_i(\omega)$ 中滤波器的脉冲响应。

（4）在进行分解时，为保证信号能够完全重构，建立约束为

$$f(t) = u_L(t) + f_u(t) + \sum_{i=1}^{L-1} u_i(t) \quad (8\text{-}41)$$

因此，提取 IMF 分量的问题可以表示为有约束的最小化问题，即

$$\begin{cases} \min_{u_L, \omega_L, f_r} \{\alpha J_1 + J_2 + J_3\} \\ u_L(t) + f_r(t) = f(t) \end{cases} \quad (8\text{-}42)$$

为解决上述约束优化问题，引入拉格朗日乘子构建增广拉格朗日函数将上述问题转换为无约束问题。

8.3 基于散布熵与变分模态分解的特征提取方法

8.3.1 特征提取方法

为了评估模态分解算法与多种散布熵结合的特征提取效果，提出了基于散布熵与 EMD 的特征提取方法。该方法对输入信号进行样本划分，并利用 EMD

算法将样本分解为多个 IMF，随后计算每个 IMF 的散布熵值以形成特征向量集，然后对特征向量集进行训练集与测试集划分，最后输入分类器获取分类结果。基于 EMD 和散布熵的特征提取流程图如图 8-1 所示。其具体步骤如下：

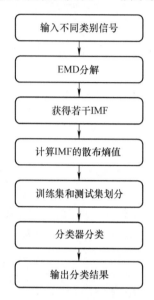

图 8-1　基于 EMD 和散布熵的特征提取流程图

（1）输入不同类别的信号，并对选用的数据片段进行归一化处理。本节选用 5 类轴承信号，截取信号长度为 819200 样本点的实验数据，并进行归一化。

（2）将每类信号进行样本划分，并且每段样本的样本点数的设置均一致，本节将每类轴承信号无重叠的划分为 200 段样本，每段样本的样本点数均设置为 4096。

（3）采用 EMD 对每个样本进行分解，得到若干个 IMF，考虑到不同样本分解后 IMF 的数量有所不同，所有样本的分解后的 IMF 保留部分高频分量。基于此，本节保留前 6 个 IMF。

（4）计算所有样本的 IMF 的散布熵值，本节共获得 200×6 的特征向量集。

（5）按照一定比例将特征向量集划分为训练集和测试集，在本节划分比例为 1:1。

（6）将训练集和测试集输入到分类器中，利用训练集对分类器训练，再将其应用于测试集进行信号分类，进而输出最终的分类结果。

8.3.2　轴承信号数据

为了验证所提出方法在实际轴承信号特征提取中的有效性，本实验采用了东南大学的轴承数据集作为实验数据。实验选择了 5 种典型状态的轴承信号进行研究，包括滚动体故障、组合故障、健康状态、内圈故障和外圈故障。其中 5 类轴承状态信号均在转速-负载配置为 20Hz-0V 的条件下采集，各包含 819200 个采样点。5 类轴承状态信号的时域波形图如图 8-2 所示。

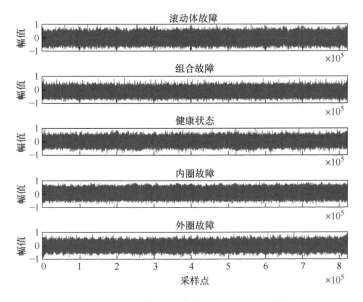

图 8-2 5 类轴承状态信号的时域波形图

对于每类轴承状态信号，将其均匀划分为 200 个样本，每个样本包含 4096 个采样点，每个样本之间的重叠率为 0。其中，训练集与测试的集的划分比为 1:1。具体来说，前 100 个样本被用作训练样本，剩余 100 个样本则作为测试样本。

实验采用 EMD 对 5 类轴承状态信号的每个样本进行分解，由于不同的样本分解出的模态数量总是在 6~10 波动。考虑到实验过程中需要确保获取特征数据的一致性，并降低计算的复杂性，本节仅选取每个样本分解后得到的前 6 个 IMF 作为后续特征提取的对象，以保证实验取到的特征具有代表性，又能有效减少计算量，提高实验效率。以第一个样本为例，5 类轴承状态信号第一个样本的前 6 个 IMF 如图 8-3 所示。

分别计算 5 类轴承状态信号 200 个样本的前 6 个模态的 6 类散布熵值，对于每种散布熵均可得到 200×6 的特征集。为了方便比较各种散布熵的特征提取效果，涉及的参数分别设置为，类别数 c 均取 4，嵌入维数 m 均取 3，时间延迟 τ 均取 1，映射方式均为 NCDF。为了便于对比基于 EMD 与不同散布熵的特征提取方法的特征提取效果，本实验采用了 t-SNE 可视化算法，将不同方法提取特征

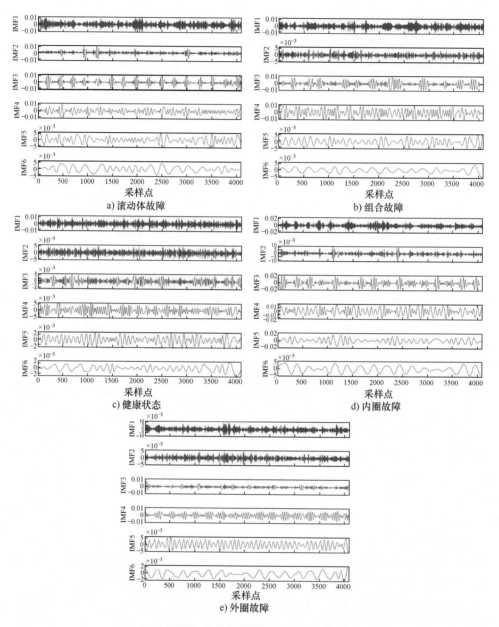

图 8-3 5 类轴承状态信号第一个样本的前 6 个 IMF

的维度通过降维到二维平面，图 8-4 给出了 5 类轴承状态信号特征可视化结果。

通过对图 8-4 所示信号特征的深入分析，可以清晰地看到不同散布熵方法在 5 类轴承状态信号特征分布上的表现。首先，对于散布熵和模糊散布熵而言，不同类别轴承状态信号分布十分混乱，且各类信号之间缺乏清晰的边界，从而

第 8 章　基于新型非线性动力学特征与模态分解的信号特征提取方法 | 135

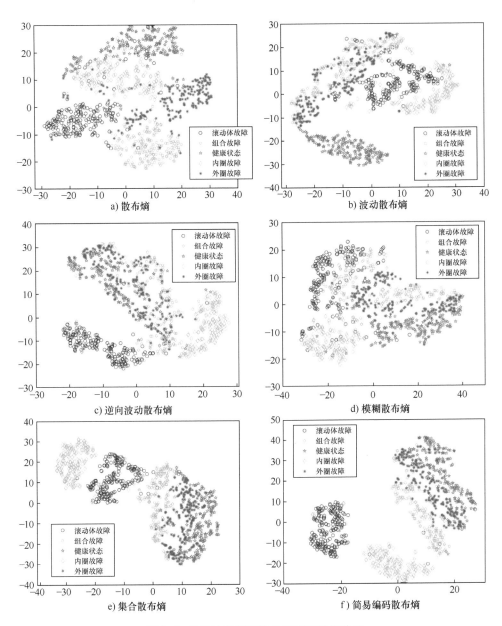

图 8-4　5 类轴承状态信号特征可视化结果

显著增加了对各类故障进行准确区分的难度。这一现象可能归因于这两类复杂度特征在应对复杂轴承信号时，其非线性特征提取能力受到一定限制，难以有效捕捉到信号中蕴含的有效特征信息。然而，对于逆向波动散布熵，情况有了显著的变化。健康状态的轴承信号特征分布相当集中，与其他 4 类故障信号的特征存在极少的重叠，这一特点使得波动散布熵在区分轴承的健康状态与故障状态上表现出了明显的优势。这种优势可能源于波动散布熵在捕捉信号动态变化方面的敏感性，使其能够更准确地反映轴承的健康状态。对于逆向波动散布熵而言，滚动体故障和内圈故障的特征分布相对集中，并且与其他 3 类故障的样本仅有小部分重叠。这表明逆向波动散布熵在区分特定类型的轴承故障方面具有独特的优势，可能与其对信号中特定频率或幅度变化的敏感性有关。最后，对于集合散布熵和简易编码散布熵，相同类型的轴承状态信号特征分布集中，而不同类型轴承状态信号的特征分布分散。其中，简易编码散布熵的表现尤为突出，不同类型故障信号的特征分布重叠最少。这表明，将 EMD 与简易编码散布熵相结合的特征提取方法，对于不同类型的轴承状态信号具有很强的可分性。综上所述，不同散布熵方法在 5 类轴承状态信号特征提取上各有优劣。

为了更进一步证明 EMD 与不同散布熵在特征提取方面的表现优劣，本实验还引入了 k 近邻分类器来计算识别率，以此更直观地反映 EMD 与不同散布熵在提取不同轴承状态信号的特征时的性能表现。不同模态下对 5 类轴承状态信号的识别率如表 8-1 所示。

表 8-1 不同模态下对 5 类轴承状态信号的识别率（%）

模态	IMF1	IMF2	IMF3	IMF4	IMF5	IMF6
散布熵	42.6	33.8	23.2	32.2	34.4	28.2
波动散布熵	60.6	30.0	29.8	34.0	25.8	22.2
逆向波动散布熵	51.4	28.0	29.2	30.8	26.4	21.0
模糊散布熵	51.0	26.0	30.0	38.2	22.8	22.2
集合散布熵	67.8	62.6	67.6	40.2	36.8	25.0
简易编码散布熵	65.8	60.8	61.6	48.2	39.2	24.0

如表 8-1 所示，6 种散布熵对 5 类轴承状态信号识别率普遍偏低，每个模态下的识别率均未超过 70%；其中，传统散布熵在各个模态下的识别效果尤为不佳，其识别率均低于 45%，与其他新型散布熵的识别率相比存在明显的差距，这表明传统散布熵在轴承信号的特征提取的效果最差；对于波动散布熵、逆向波动散布熵和模糊散布熵，IMF2～IMF6 的识别率均低于 40%，部分识别率低于 30%，这表明 3 种散布熵对模态大于 2 时的特征提取效果不佳；对于集合散布熵和简易编码散布熵，IMF1～IMF3 的识别率均在 60% 以上，识别效果明显优于其他散布熵。

由于单特征的识别率普遍偏低，难以实现 5 类轴承状态信号的精准识别，为了优化特征提取效果并提升分类识别的精确度，开展了多特征识别实验。在实验中，多个数量特征会出现过多的特征组合方式，为了简化对比过程，仅选取不同特征数量下达到的最高识别率作为分析依据。表 8-2 给出了不同特征数量下对 5 类轴承状态信号的识别率。

表 8-2 不同特征数量下对 5 类轴承状态信号的识别率（%）

模态数量	2	3	4	5	6
散布熵	62.6	72.6	72.6	82.6	82.2
波动散布熵	73.2	79.8	84.6	83.4	82.8
逆向波动散布熵	62.8	73.2	74.2	82.6	82.4
模糊散布熵	64.2	75.2	79.6	82.0	83.2
集合散布熵	73.2	76.8	80.2	83.6	84.6
简易编码散布熵	73.6	74.8	78.8	82.8	85.0

如表 8-2 所示，与散布熵的改进版本相比，散布熵在多种特征数量下的识别率均处于较低水平，最高识别率为 82.6%。此外，波动散布熵、逆向波动散布熵和模糊散布熵在多特征分类上的表现也呈现出相似的识别效果，最高识别率分别可以达到 84.6%、82.6% 和 83.2%。这些方法的识别率虽然有所提升，但仍然难以达到令人满意的水平。对于集合散布熵和简易编码散布熵，在 6 个特征的情况下，这 2 种散布熵方法的识别率分别达到了 84.6% 和 85%，在所有方法中表现最为出色。这一结果充分展示了集合散布熵和简易编码散布熵在区分 5 类轴承状态信号方面优于其余 4 种散布熵，同时也证明了通过集合映射处理和简易编码处理对散布熵进行改进的有效性。

为了更深入地验证所提出的基于 EMD 和散布熵的特征提取方法的有效性，将其与基于散布熵的特征提取方法进行了对比研究。在实验中，通过直接提取轴承状态信号的散布熵、波动散布熵、逆向波动散布熵、模糊散布熵、集合散布熵和简易编码散布熵，然后将其输入到 k 近邻分类器中进行分类。为确保实验的一致性和可比性，6 种散布熵的参数设置与上述实验保持一致。表 8-3 给出了提取原信号特征下对 5 类轴承状态信号的识别率。

表 8-3 提取原信号特征下对 5 类轴承状态信号的识别率

熵指标	识别率（%）
散布熵	50.2
波动散布熵	65.6
逆向波动散布熵	58.8
模糊散布熵	55.4
集合散布熵	70.2
简易编码散布熵	71.4

如表 8-3 所示，简易编码散布熵对 5 类轴承状态信号的识别率仍为最高，散布熵的识别仍为最低。与基于 EMD 和散布熵特征提取方法相比，虽然直接提取原信号复杂度特征的识别率要高于每个模态下的识别率，但基于 EMD 和散布熵的特征提取方法获取了更多的有效特征，从而使得识别率有显著提升。例如，基于 EMD 与简易编码散布熵的特征提取方法比仅使用简易编码散布熵的方法要高出 13.6%，基于 EMD 与集合散布熵的特征提取方法比仅使用集合散布熵的方法要高出 14.4%。综上所述，基于 EMD 和散布熵的特征提取方法可以有效改善分类效果，具有一定的应用前景。

8.4　基于斜率熵与连续变分模态分解的特征提取方法

8.4.1　特征提取方法

在深入研究变步长多尺度斜率熵的基础上，本节采用蛇优化算法以最终识别率为适应度函数来优化阈值，进而提出了一种新的非线性动力学指标，命名为蛇优化变步长多尺度斜率熵。此外，为了提升特征提取的区分效能，本研究进一步结合 SVMD 算法的优势，提出了一种基于 SVMD 与蛇优化变步长多尺度斜率熵的特征提取方法。其特征提取流程图如图 8-5 所示。其具体步骤如下：

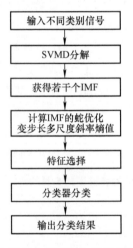

图 8-5　基于 SVMD 和蛇优化变步长多尺度斜率熵的特征提取流程图

（1）输入不同类别的信号，并对其进行归一化处理。本节选用 4 类舰船辐射噪声，截取信号长度为 409600 样本点作为实验数据并进行归一化处理。

（2）将每类信号进行样本划分，并且每段样本的样本点数的设置均一致。

本节将每类海洋环境噪声无重叠地划分为 200 段样本，每段样本的样本点数均设置为 2048。

（3）采用 SVMD 对每类样本信号进行分解，得到若干个 IMF。考虑到不同样本的分解后 IMF 数量有所不同，基于此本节保留前 4 个 IMF。

（4）计算每个 IMF 的蛇优化变步长多尺度斜率熵值，形成特征矩阵集。本节共获得 40×200 的特征向量集。

（5）利用最大相关最小冗余（max relevance and min redundancy，mRMR）特征选择方法对特征矩阵集进行筛选，确定最优特征。

（6）采用分类器对筛选出的最优特征进行分类和识别，同时，将特征向量集分为训练集和测试集。

（7）使用训练集对分类器进行训练，待分类器训练完成后，再将其应用于测试集进行舰船辐射噪声信号分类，进而输出最终的分类结果。

8.4.2 舰船信号数据

为了验证所提出方法在实际舰船辐射噪声特征提取中的有效性，采用 ShipsEar 水下噪声舰船数据库中的舰船辐射噪声信号作为研究对象进行分析。本实验从数据库中选择了 4 类舰船辐射噪声信号进行特征提取实验。这 4 类舰船辐射噪声分别标记为舰船-1、舰船-2、舰船-3 和舰船-4，采样频率为 44.1kHz。每类舰船辐射噪声信号包含 200 个样本，每个样本包含 2048 个采样点。其中，前 50 个样本被用作训练样本，剩余 150 个样本则作为测试样本。图 8-6 给出了 4 类舰船辐射噪声信号归一化后的时域波形图。然而，由于背景噪声干扰，难以从时域波形上对不同类别的舰船辐射噪声进行区分。

采用 SVMD 对每类舰船信号进行分解，惩罚因子 α 设置为 2000，收敛容差和时间步长为默认值，分解的停止标准为收敛到最后一个模态分量的能量。4 类舰船辐射噪声信号的分解结果如图 8-7 所示。由于 SVMD 具有自适应分解的特性，不同类别的舰船信号在分解过程中得到的 IMF 个数不尽相同。为了保障后续特征提取的准确性和效率，在保证信息完整性的前提下，尽量降低计算的复杂性。因此，经过综合考虑，选取前 4 个 IMF 作为后续特征提取的对象。

计算前 4 个 IMF 的蛇优化变步长多尺度斜率熵，尺度因子设置为 10，并与现有的多尺度熵蛇优化多尺度斜率熵、多尺度散布熵、多尺度模糊熵、多尺度样本熵进行对比分析。其中，蛇优化变步长多尺度斜率熵和蛇优化多尺度斜率熵的阈值，是以四类舰船辐射噪声信号所有特征下分类识别率的均值作为适应度函数，经蛇优化算法优化获得的。本实验严格遵循统一的标准来设置不同多尺度熵的参数，参数设置如表 8-4 所示。

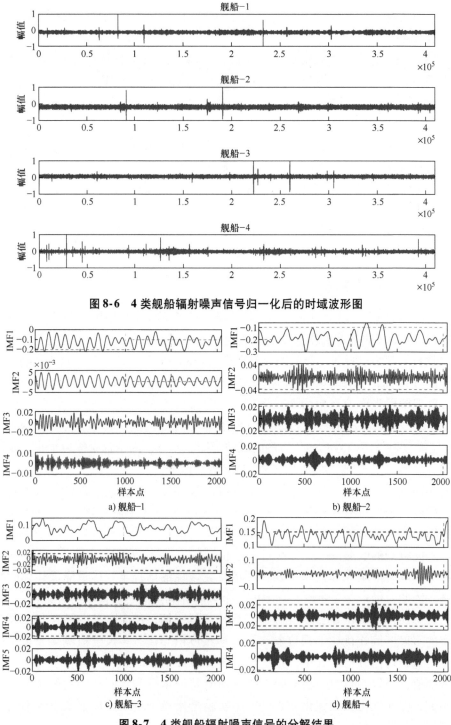

图 8-6　4 类舰船辐射噪声信号归一化后的时域波形图

图 8-7　4 类舰船辐射噪声信号的分解结果

表 8-4　各类多尺度熵的参数设置

熵指标	嵌入维数	类别个数	相似容限	尺度因子
蛇优化变步长多尺度斜率熵	4	—	—	10
蛇优化多尺度斜率熵	4	—	—	10
多尺度散布熵	4	6	—	10
多尺度模糊熵	2	—	—	10
多尺度样本熵	2	—	0.15std	10

通过计算每个 IMF 的熵值，获得 40 维特征向量，构成 40×200 的特征向量集。将计算得到的特征向量集按 1:3 的比例划分为训练集和测试集，然后输入到 k 近邻分类器中进行分类识别。不同多尺度熵在每维特征下的分类识别率如图 8-8 所示。

如图 8-8 所示，在每维特征下，5 种多尺度熵的分类识别率普遍较低，最高分类识别率均未达到 70%。除蛇优化变步长多尺度斜率熵外，其他 4 种多尺度熵分类识别率的均值低于 45%。这在一定程度上表明蛇优化变步长多尺度斜率熵在单特征下的分类效果略优于其他 4 种多尺度熵。然而，从整体上看，这些多尺度熵的识别效果仍然较差，不足以有效区分不同类型的舰船辐射噪声信号。例如，多尺度样本熵的分类识别率均值低于 40%，最高识别率低于 60%。

为了更直观地展示不同多尺度熵之间的性能差异，图 8-9 给出了不同多尺度熵在单特征下最高分类识别率所对应的特征分布。显而易见的是，不同类别的舰船辐射噪声之间存在明显的重叠。例如，在多尺度散布熵、多尺度模糊熵和多尺度样本熵中，舰船-2 和舰船-3 的熵值重叠在一起。相比之下，蛇优化变步长多尺度斜率熵和蛇优化多尺度斜率熵的重叠区域是最少的，且不同类别舰船的熵值仍存在一定差异。然而，与其他 4 种熵相比，MSE 中 4 类舰船辐射噪声信号的分布异常混乱，各类信号之间相互交叉，难以明确划分界限，因此无法有效区分。综上所述，单一特征下的多尺度熵在舰船辐射噪声信号分类任务中表现不佳，不足以反映舰船辐射噪声信号的动态特性。

鉴于单一特征在舰船信号识别方面的局限性，为提升特征提取的效果并增强分类识别的精确度，开展了多特征提取的实验研究。在实验过程中，为了确保所提取特征集的有效性和高效性，同时避免特征冗余对识别性能造成的不利影响，采用 mRMR 方法对特征进行排序。经 mRMR 特征选择后，去除了对分类贡献较小且排序靠后的特征，随后，深入探讨了输入不同数目特征对分类识别

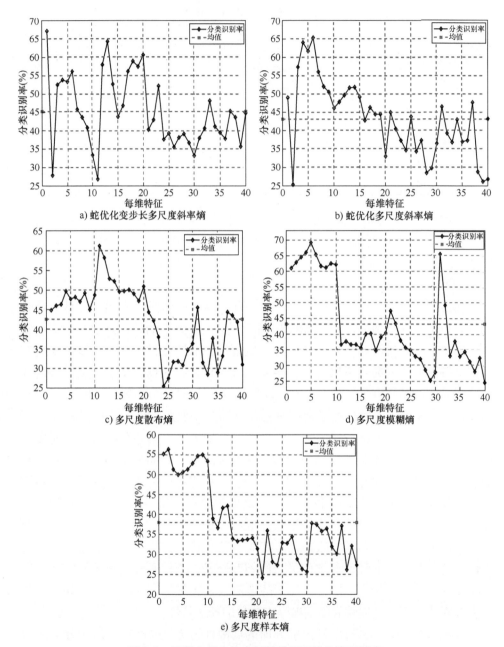

图 8-8 不同多尺度熵在每维特征下的分类识别率

率的影响。利用 k 近邻分类器进行分类后,基于 SVMD 和不同多尺度熵的最高分类识别率及其对应的特征提取数量,如表 8-5 所示。

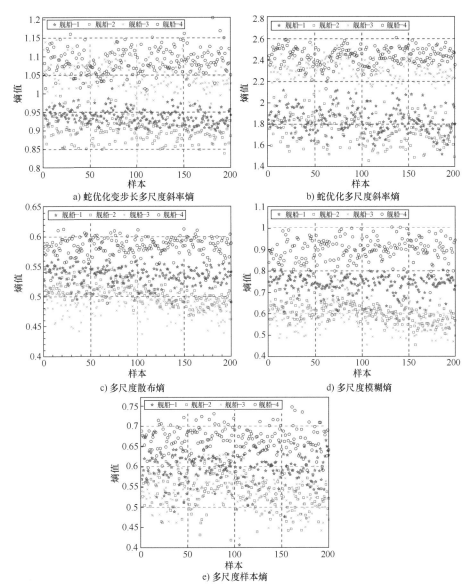

图 8-9　不同多尺度熵在单特征下最高分类识别率所对应的特征分布

表 8-5　基于 SVMD 和不同多尺度熵的最高分类识别率及其对应的特征提取数量

熵指标	提取特征数量	分类识别率（%）
蛇优化变步长多尺度斜率熵	6	88.17
蛇优化多尺度斜率熵	5	86.33
多尺度散布熵	6	85.83
多尺度模糊熵	5	83.00
多尺度样本熵	5	79.50

如表 8-5 所示，多特征提取在单特征提取的基础上进一步提高了分类识别率，且随着提取特征数量的增加，分类识别率呈现出整体上升的趋势，充分表明了多特征提取在提升分类性能方面的有效性。在与其他 4 种多尺度熵的对比中，蛇优化变步长多尺度斜率熵的整体识别率展现出显著优势。特别是在提取特征数量为 6 时，蛇优化变步长多尺度斜率熵的分类识别率达到了 88.17%。相较于蛇优化多尺度斜率熵、多尺度散布熵、多尺度模糊熵和多尺度样本熵的最高识别率，它分别高出了 1.84%、2.34%、5.17% 和 8.67%，这一结果有力证明了蛇优化变步长多尺度斜率熵在舰船辐射噪声分类中的卓越性能。然而，当输入特征向量数量过大时，可能会导致识别率的下降。例如，对于多尺度模糊熵和蛇优化多尺度斜率熵，提取特征数为 5 时的分类识别率均高于提取特征数为 6 的识别率。这主要是因为特征向量数量过高，可能导致信息冗余，进而对分类效果产生负面影响。因此，在特征提取过程中，需要权衡特征数量与分类性能之间的关系。综上所述，基于 SVMD 和蛇优化变步长多尺度斜率熵的特征提取方法在不同类别舰船辐射噪声的有效识别中展现出了较高的分类识别率，相较于其他 4 种多尺度熵具有显著优势，为舰船辐射噪声的特征提取提供了一种新的研究思路。

为了更深入验证所提出的基于 SVMD 和蛇优化变步长多尺度斜率熵的舰船辐射噪声特征提取方法的有效性，将其与传统的基于原信号多尺度熵的特征提取方法进行了对比研究。实验直接提取舰船信号的蛇优化变步长多尺度斜率熵、蛇优化多尺度斜率熵、多尺度散布熵、多尺度模糊熵和多尺度样本熵，并进行了多特征提取实验。与所提出的方法一致，采用 mRMR 对特征进行优选，然后通过 k 近邻分类器进行分类识别，得到了不同特征数目下的最高分类识别率。传统基于原信号多尺度熵特征提取方法的最高分类识别率及其对应的特征提取数量如表 8-6 所示。为确保实验的一致性和可比性，多尺度熵的参数设置与上述实验保持一致。

表 8-6 传统基于原信号多尺度熵特征提取方法的最高分类识别率

熵指标	提取特征数量	分类识别率（%）
蛇优化变步长多尺度斜率熵	4	87.33
蛇优化多尺度斜率熵	4	86.17
多尺度散布熵	2	83.67
多尺度模糊熵	4	83.17
多尺度样本熵	4	78.50

如表 8-6 所示，在提取特征数量为 4 时，蛇优化变步长多尺度斜率熵具有最高的分类识别率，达到了 87.33%，分别比蛇优化多尺度斜率熵、多尺度散布熵、多尺度模糊熵、多尺度样本熵的最高分类识别率高出 1.16%、3.66%、4.16% 和 8.83%，也进一步证实了蛇优化变步长多尺度斜率熵在特征提取中的显著优越性。然而，与结合 SVMD 和多尺度熵的方法相比，单纯依赖多尺度熵的方法在分类识别率上稍显不足。具体而言，基于 SVMD 和蛇优化变步长多尺度斜率熵的方法相较于仅使用蛇优化变步长多尺度斜率熵的方法，最高分类识别率提升了 0.84%。同样，基于 SVMD 和蛇优化多尺度斜率熵的方法相较于仅使用蛇优化多尺度斜率熵的方法，最高分类识别率也提高了 0.16%。此外，基于 SVMD 和多尺度散布熵的方法相较于仅使用多尺度散布熵的方法，分类识别率提升了 2.16%；基于 SVMD 和多尺度样本熵的方法相较于仅使用多尺度样本熵的方法，分类识别率也提升了 1%。综上所述，基于 SVMD 和蛇优化变步长多尺度斜率熵的特征提取方法相较于基于原信号多尺度熵的特征提取方法，在特征提取效果上表现出明显的优势。通过结合 SVMD 技术，能够有效提高分类识别率，从而进一步证明了基于 SVMD 和蛇优化变步长多尺度斜率熵的舰船辐射噪声特征提取方法的有效性和实用性。

8.5 基于 Lempel-Ziv 复杂度与集合经验模态分解的特征提取方法

8.5.1 特征提取方法

为了评估模态分解算法与 LZC 结合的特征提取效果，提出了基于 LZC 与 EEMD 的特征提取方法。该方法对输入信号进行样本划分，并利用 EEMD 算法将样本分解为多个 IMF，随后计算每个 IMF 的 LZC 以形成特征矩阵集，然后对特征集进行训练集与测试集划分，最后输入分类器获取分类结果。基于 LZC 和 EEMD 的特征提取流程图如图 8-10 所示，其具体步骤如下：

(1) 输入不同类别的信号，并对选用的数据片段进行归一化处理。本节选用 4 类海洋环境噪声，截取信号长度为 819200 样本点作为实验数据并进行归一化。

(2) 将每类信号进行样本划分，并且每段样本的样本点数的设置均一致。本节将每类海洋环境噪声无重叠地划分为 200 段样本，每段样本的样本点数均设置为 4096。

(3) 采用 EEMD 对每个样本进行分解，得到若干个 IMF。考虑到不同样本的分解后 IMF 数量有所不同,所有样本的分解后的 IMF 保留部分高频分量。基于此本节保留前 6 个 IMF。

(4) 计算所有样本的 IMF 的 LZC 值,形成特征矩阵集。本节获取了 200×6 的特征矩阵集。

(5) 按照一定比例将特征矩阵集划分为训练集和测试集。本节的划分比例为 1:1。

(6) 将训练集和测试集输入到分类器中,利用训练集对分类器训练,再将其应用于测试集进行信号分类,进而输出最终的分类结果。

8.5.2 海洋环境噪声数据

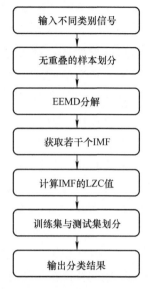

图 8-10 基于 LZC 和 EEMD 的特征提取流程图

为验证 LZC 与模态分解算法结合后的特征提取能力。本实验选取了美国国家公园管理局提供的 4 类海洋环境噪声作为实验数据,并对 4 类海洋环境噪声进行了特征提取和分类实验,旨在全面评估该方法的性能表现。4 类海洋环境噪声分别被命名为噪声 1、噪声 2、噪声 3 和噪声 4,每一类海洋环境噪声的采样频率均为 44.1kHz。4 类海洋环境噪声归一化后的时域波形图如图 8-11 所示。

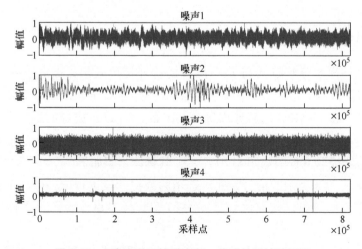

图 8-11 4 类海洋环境噪声归一化后的时域波形图

每类海洋环境噪声信号,均匀地划分为 200 个样本,每个样本包含 4096 个采样点,每个样本之间的重叠率为 0。其中,训练集与测试的集的划分比为 1:1。

具体来说，前 100 个样本被用作训练样本，剩余 100 个样本则作为测试样本。

实验采用 EEMD 对每类海洋背景噪声的每个样本进行分解。其中，添加的噪声标准差为 0.1，添加噪声次数为 500。由于不同样本分解的 IMF 数量总是在 6~12 个之间，为兼顾特征数据的一致性和计算的简便性，依据其频率从高到低对得到的 IMF 进行了排序，本节仅选取每个样本分解后得到的前 6 个 IMF 作为后续特征提取的对象，以保证提取到的特征具有代表性，并有效减少计算量，提高实验效率。本实验以第一个样本为例，每类海洋环境噪声的前 6 个 IMF 如图 8-12 所示。

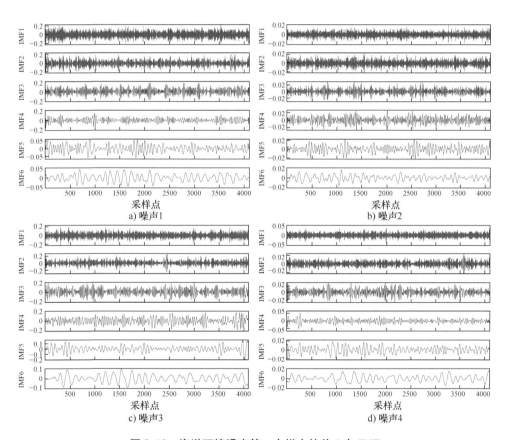

图 8-12　海洋环境噪声第一个样本的前 6 个 IMF

分别计算 4 类噪声信号 200 个样本的前 6 个 IMF 的 4 种 LZC 值，对于每种 LZC 均可得到了 200×6 的特征集。为了方便比较各种 LZC 的特征提取效果，不同 LZC 的参数设置如表 8-7 所示。

表 8-7　不同 LZC 的参数设置

复杂度指标	嵌入维数 m	类别数 c	映射方式	延迟时间 τ
LZC	—	—	—	—
排列模式 LZC	4	—	—	1
散布 LZC	—	6	NCDF	—
散布模式 LZC	4	6	NCDF	1

为了便于对比基于 EEMD 与不同 LZC 的特征提取方法的特征提取效果，实验采用了 t-SNE 可视化算法，将不同方法提取特征的维度通过降维到二维平面。图 8-13 给出了 4 类海洋环境噪声信号特征可视化结果。

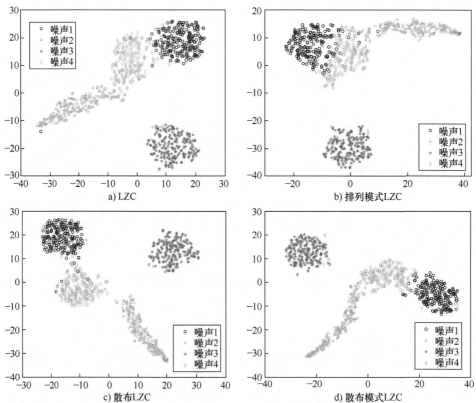

图 8-13　4 类海洋环境噪声信号特征可视化结果

如图 8-13 所示，在可视化结果中，噪声 3 的分布均表现得相对独立，可从 4 类噪声中被有效地识别。对于 LZC 而言，虽然 4 类噪声的特征分布在图中重叠的样本数量并不多，但分布相对较为分散，缺乏明显的聚类性，这在一定程度上影响了对噪声类型的区分效果。对于排列模式 LZC，噪声 1 与噪声 4 的特征分布中出现了明显的重叠现象，使得这两类噪声难以被区分。相比之下，散布 LZC 与散布模式 LZC 在特征提取和区分能力上表现得更为出色。这两种方法的特征分布不仅具有更强的聚类性，而且重叠样本的数量也明显减少。特别是在散布 LZC 的特征分布中，4 类噪声的样本具有清晰的边界，这表明能够更好地区分出 4 类不同的噪声。综上所述，从特征可视化结果来看，散布 LZC 与散布模式 LZC 具有更突出的特征提取能力与更强的可分性。

为了更进一步证明 EEMD 与不同 LZC 在特征提取方面的表现优劣，本实验还引入了 k 近邻分类器来计算识别率，以此更直观地反映 EEMD 与不同 LZC 在提取不同噪声特征时的性能表现。不同模态下的 4 类海洋环境噪声识别率如表 8-8 所示。

表 8-8　不同模态下的 4 类海洋环境噪声识别率（%）

模态	IMF1	IMF2	IMF3	IMF4	IMF5	IMF6
LZC	48.00	42.25	57.50	51.50	43.50	45.00
排列模式 LZC	38.75	59.00	63.50	58.25	54.50	51.25
散布 LZC	54.75	59.25	61.25	60.25	49.25	38.75
散布模式 LZC	62.75	64.25	61.50	69.00	53.75	45.00

如表 8-8 所示，4 种 LZC 对 4 类海洋环境噪声识别率普遍偏低，每个模态下的识别率均未超过 70%。其中，传统 LZC 在各个模态下的识别效果尤为不佳，其识别率均低于 60%，与其他新型 LZC 的识别率相比存在明显的差距。这表明传统 LZC 在海洋环境噪声的特征提取的效果最差。对于排列模式 LZC 与散布 LZC，IMF2～IMF5 的识别效果类似，这表明两种 LZC 在单个模态上具有相似的识别效果。对于散布模式 LZC，IMF1～IMF4 的识别率均在 60% 以上，识别效果明显由于其他 LZC 指标，其余模态识别率下的识别率效果综合来看与其余 LZC 指标类似。综合以上分析，基于 EEMD 与散布模式 LZC 的特征提取方法具有最好的识别效果。

鉴于单特征的识别率普遍偏低，难以实现对 4 类海洋环境噪声的精准识别，为了优化特征提取效果并提升分类识别的精确度，开展了多特征识别实验。不同数量特征的会出现过多的特征组合方式，为了简化对比过程，本实验仅选取不同特征数量下达到的最高识别率作为分析依据。例如，（1,2）代表 IMF1 与 IMF2 的特征组合，（1,2,3）代表 IMF1、IMF2 与 IMF3 的特征组合，以此类推。表 8-9 给出了不同特征数量下对 4 类海洋环境噪声的最高识别率，清晰展示了不同特征数量对 4 类海洋环境噪声识别率的影响。

表 8-9　不同特征数量下对 4 类海洋环境噪声的最高识别率（%）

特征数量	2	3	4	5	6
LZC	87.50	92.00	93.75	94.25	93.25
	(1,4)	(1,3,6)	(1,3,4,6)	(1,2,4,5,6)	(1,2,3,4,5,6)
排列模式 LZC	83.25	86.50	88.75	90.75	90.75
	(3,5)	(2,3,5)	(2,3,4,5)	(1,2,3,4,5)	(1,2,3,4,5,6)
散布 LZC	90.00	92.25	94.25	95.00	94.25
	(1,4)	(1,3,4)	(1,2,3,4)	(1,2,3,4,6)	(1,2,3,4,5,6)
散布模式 LZC	92.00	93.25	95.25	95.75	94.25
	(1,4)	(1,4,6)	(1,2,4,6)	(1,2,4,5,6)	(1,2,3,4,5,6)

如表 8-9 所示，4 类海洋环境噪声的识别率都随着特征数量的增加呈现出先上升再下降的趋势。其中，排列模式 LZC 在不同的特征数量下识别率均为最低，最高仅为 90.75%，比其他复杂度指标至少低了 3.5%。此外，排列模式 LZC 的在单特征的识别率要高于 LZC，多特征的识别率却为最低。这也说明排列模式 LZC 的不同模态特征之间缺少互补性。散布 LZC 与散布模式 LZC，在不同特征数量下的识别率均在 90.00% 以上，且在不同特征数量下的识别率均高于 LZC 与排列模式 LZC。其中，散布模式 LZC 在不同的特征数量下都具有最高的识别率，在特征数量为 5 时最高识别率达到 95.75%，比 LZC、排列模式 LZC 和散布 LZC 的最高识别率分别高出了 1.5%，5% 和 0.75%。综合以上分析可得，4 种 LZC 指标与 EEMD 分解算法的结合后，基于 EEMD 与散布模式 LZC 的特征提取方法具有最为突出的特征提取表现，更适用于复杂海洋环境噪声的特征提取与分析。

为了更深入地验证所提出的基于 EEMD 和 LZC 的特征提取方法的有效性，将其与基于原信号 LZC 的特征提取方法进行了对比研究。具体而言，通过直接提取原信号的 LZC、排列模式 LZC、散布 LZC 与散布模式 LZC，并采用 k 近邻分类器进行分类识别。同样，k 近邻分类器中训练样本和测试样本的比值仍设置为 1:1。表 8-10 给出了提取原信号特征下的 4 类海洋环境噪声识别率。

表 8-10　提取原信号特征下对 4 类海洋环境噪声的识别率（%）

复杂度指标	识别率
LZC	89.50
排列模式 LZC	54.00
散布 LZC	91.25
散布模式 LZC	93.00

如表 8-10 所示，散布模式 LZC 的对 4 类噪声的识别率仍为最高，排列模式 LZC 的识别仍为最低。其中，散布模式 LZC 的识别率可达到 93%，比 LZC、排列模式 LZC 与散布 LZC 的识别率高出 3.5%、39% 与 1.75%，从而证实了散布模式 LZC 的特征提取的突出性能。然而，与基于 EEMD 和 LZC 特征提取方法相比，除排列模式 LZC 外，虽然直接提取原信号 LZC 的识别率要高于每个模态下的识别率，但基于 EEMD 和 LZC 特征提取方法获取了更多的有效特征，多特征情况下的识别率要更高。例如，基于 EEMD 与散布模式 LZC 的特征提取方法，比仅使用散布模式 LZC 的方法要高出 2.75%，比仅使用散布 LZC 的方法要高出 3.75%。综上所述，结合 EEMD 获取了多个具有协同互补作用的模态特征，基于 EEMD 和 LZC 的特征提取方法的特征提取效果优于基于 LZC 的，有效提高了分类识别率。

8.6 基于分形维数与变分模态分解的特征提取方法

8.6.1 特征提取方法

为了深入评估 VMD 与分形维数相结合在特征提取方面的效果，本节提出了一种基于分形维数与 VMD 的特征提取方法。本节所提出的基于分形维数与 VMD 的特征提取方法，通过结合 VMD 算法与分形维数的优势，实现了从模态层面对信号细微差异的深入挖掘，具有更好的特征提取效果。图 8-14 给出了基于 VMD 和分形维数的特征提取流程图，其具体特征提取步骤如下所示。

（1）输入不同种类的信号，本节输入 5 类齿轮状态信号，包括健康、断齿、齿轮缺口、齿根故障以及齿面故障。

（2）将每类信号划分成 Q 个样本。本节每类齿轮状态信号无重叠地划分为 200 段样本，每段包含 4096 个数据点。

（3）初始化 VMD 的参数惩罚因子 α，分解的模态数量 K 等，利用 VMD 将信号分解成多个 IMF。本节将 α 和 K 设置为 2000 和 6，齿轮状态信号的每个样本被分解为 6 个 IMF。

（4）计算每段样本各 IMF 的分形维数，形成 $Q \times K$ 的特征矩阵集，本节获取了 200×6 的特征矩阵矩集。

（5）按照一定比例将特征矩阵集划分为训练集和测试集。本节划分比例

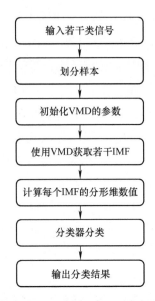

图 8-14 基于 VMD 和分形维数的特征提取流程图

为 1:1。

(6) 将训练集和测试集输入到分类器中,利用训练集对分类器训练,再将其应用于测试集进行信号分类,进而输出最终的分类结果。

8.6.2 齿轮信号数据

为了验证基于分形维数与 VMD 的特征提取方法的特征提取能力,本实验进行了特征提取和分类实验。本实验采用了东南大学的齿轮数据集中电机在 30Hz-2V 工况下运行的振动信号作为实验数据,共涉及 5 类齿轮状态信号,分别是健康状态、断齿、齿轮缺口、齿根故障以及齿面故障状态下的信号。图 8-15 给出了 5 类齿轮状态信号的时域波形图。本实验从每类齿轮信号中随机挑选了 200 段子信号作为实验数据,每段子信号的长度为 4096 个点,并且确保各段子信号之间无重叠,即重叠率为 0。

此外,采用 VMD 对每类齿轮信号进行分解,并将惩罚因子、分解的模态数量分别设置为 2000 和 6。5 类齿轮状态信号的 VMD 分解结果(1 个样本)如图 8-16 所示。每类齿轮状态信号均分解为 6 个模态,从 IMF1 到 IMF6 频率逐渐降低,且 5 类齿轮的同阶模态波形存在不同程度的差异。

为了更清晰地展示基于分形维数与 VMD 的特征提取方法区分 5 类齿轮状态信号的能力,t-SNE 图被用来直观地呈现信号分形维数特征分布。通过 t-SNE 算

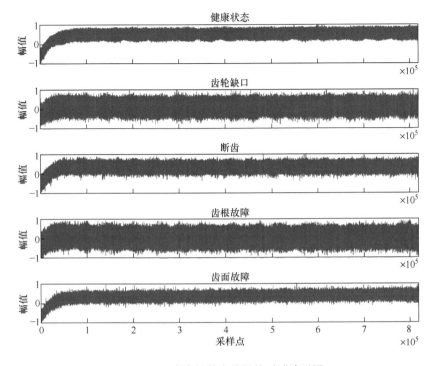

图 8-15　5 类齿轮状态信号的时域波形图

法，可以将多维特征空间中的特征映射到二维平面上，以便于观察和比较。其中，对于 Higuchi 分形维数的最大延迟时间取 20，优化散布 Higuchi 分形维数的参数由粒子群算法优化得到。图 8-17 所示的可视化结果是不同分形维数特征下的 t-SNE 图。

如图 8-17 所示，可以观察到，在区分 5 类齿轮状态信号时，相较于盒维数与 Katz 分形维数，Higuchi 分形维数与优化散布 Higuchi 分形维数展现出了更为出色的聚集性与区分性。还可以看到，盒维数与 Katz 分形维数在区分健康信号与其他信号时，虽然健康信号与其他信号没有重叠部分，但在其他类型的信号之间却存在大量的混叠现象。这意味着盒维数与 Katz 分形维数在区分不同齿轮状态信号时存在一定的局限性。相比之下，Higuchi 分形维数在断齿信号与其他信号之间有着清晰的界限，而且优化散布 Higuchi 分形维数在区分断齿信号与健康信号时，也仅有少量的重叠部分。此外，除了健康信号，相比于盒维数与 Katz 分形维数，Higuchi 分形维数与优化散布 Higuchi 分形维数的剩余信号特征混叠部分较少。这表明 Higuchi 分形维数与优化散布 Higuchi 分形维数在识别 5 类齿轮状态信号时具有更高的准确性和可靠性。综上所述，Higuchi 分形维数与优化散布 Higuchi 分形维数对 5 类齿轮状态信号的识别效果明显优于盒维数与

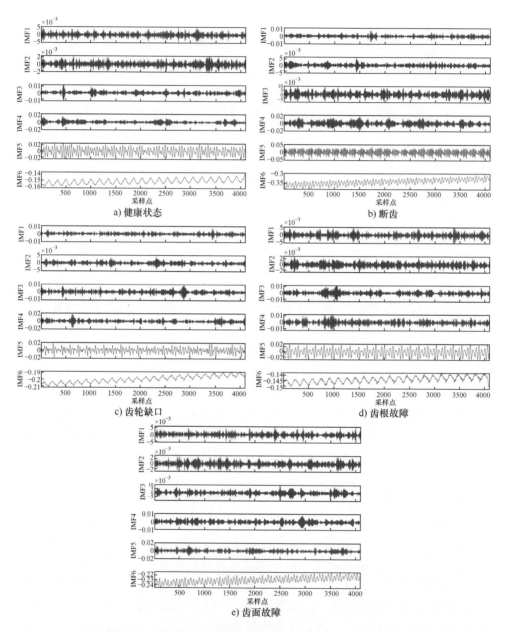

图 8-16 5 类齿轮状态信号的 VMD 分解结果（1 个样本）

Katz 分形维数。因此，在齿轮故障诊断和信号分类的实际应用中，Higuchi 分形维数与优化散布 Higuchi 分形维数可以作为更为有效的特征提取方法，为后续的故障分析和诊断提供更准确的信息。

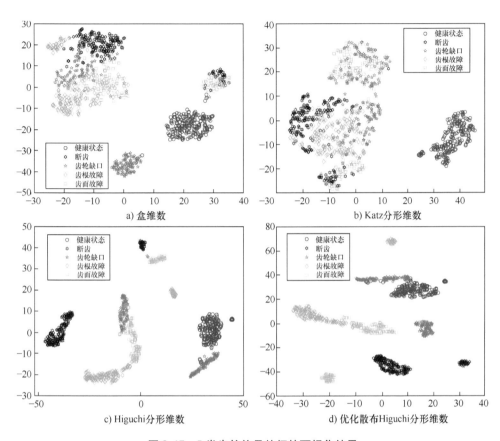

图 8-17 5 类齿轮信号特征的可视化结果

为了更全面地展示基于分形维数与 VMD 的特征提取方法的特征提取能力，本节进一步进行了详尽的计算与分析。表 8-11 和表 8-12 分别给出了 4 种分形维数在不同模态下对 5 类齿轮状态信号的识别率与 4 种分形维数在不同特征数量下对 5 类齿轮状态信号的识别率。

表 8-11 4 种分形维数在不同模态下对 5 类齿轮状态信号的识别率（%）

模态	IMF1	IMF2	IMF3	IMF4	IMF5	IMF6
盒维数	18.6	23.8	27.0	30.2	60.8	47.4
Katz 分形维数	27.2	55.0	34.0	43.4	64.0	88.6
Higuchi 分形维数	24.4	20.4	21.2	60.8	64.0	61.8
优化散布 Higuchi 分形维数	22.0	28.0	31.0	53.6	57.2	60.8

如表 8-11 所示，在单一模态的情境下，4 种分形维数包括 Katz 分形维数、盒维数、Higuchi 分形维数和优化散布 Higuchi 分形维数对于 5 类齿轮状态信号的识别率普遍偏低。这一现象表明，仅依赖单一模态下的分形维数分析，难以有效地区分不同状态的齿轮信号。特别是在 IMF6 模态下，尽管 Katz 分形维数的识别率略高于 70%，但这一数值仍然偏低，不足以满足实际应用中对齿轮状态信号精确识别的需求。综上所述，单一模态下的分形维数分析在齿轮状态信号识别方面的应用效果有限，需要进一步探索和研究更加有效的特征提取方法。

表 8-12 4 种分形维数在不同特征数量下对 5 类齿轮状态信号的识别率（%）

模态数量	2	3	4	5	6
盒维数	75.4	82.8	85.2	82.4	82.8
Katz 分形维数	90.2	82.2	83.0	81.2	77.8
Higuchi 分形维数	91.2	97.0	97.2	97.4	97.2
优化散布 Higuchi 分形维数	91.2	97.8	98.2	98.2	98.0

如表 8-12 所示，当考虑多个模态数量时，所有分形维数对齿轮状态信号的识别率均有了显著的提升，均高于 75%，且至少提升了 1.6%。这一结果充分说明了多特征提取方法在齿轮状态信号识别中的优势，能够更全面地提取信号中的特征信息，从而提高识别率。在多个模态数量下，优化散布 Higuchi 分形维数展现出了更高的识别能力。特别是在模态数量为 4 和 5 的时候，优化散布 Higuchi 分形维数对齿轮状态信号的识别率达到了 98.2%，这充分证明了优化散布 Higuchi 分形维数在齿轮信号识别中的卓越性能。综上所述，在多个特征数量下，优化散布 Higuchi 分形维数对 5 类齿轮状态信号的识别效果最佳。

为了深入验证所提出基于分形维数与 VMD 的特征提取方法的有效性，本节将其与仅基于分形维数的特征提取方法进行了对比研究。在此对比中，直接提取了原信号的多种分形维数特征，包括 Katz 分形维数、盒维数、Higuchi 分形维数以及优化散布 Higuchi 分形维数，以期全面评估其识别性能。同时，为确保对比的公正性，本节将 k 近邻分类器中训练样本与测试样本的比例为 1:1。表 8-13 给出了提取原信号特征下对 5 类齿轮状态信号的识别率。

表 8-13　提取原信号特征下对 5 类齿轮状态信号的识别率（提取原信号特征）

分形维数指标	识别率（%）
盒维数	56.2
Katz 分形维数	65.6
Higuchi 分形维数	65.8
优化散布 Higuchi 分形维数	74.0

如表 8-13 所示，在单个特征数量下，基于 Higuchi 分形维数与优化散布 Higuchi 分形维数的特征提取方法的识别率高于与 VMD 结合后的方法。然而，基于 Katz 分形维数与盒维数的特征提取方法的识别率则低于与 VMD 结合的方法。当模态数量增加时，基于 VMD 与分形维数的特征提取方法展现出了其强大的优势。相较于直接提取原始信号分形维数的方法，其识别率有了显著的提高。这一结果不仅证明了 VMD 与分形维数结合的特征提取方法在齿轮状态信号识别中的有效性，也体现了多特征提取方法在信号处理中的优越性。综上，在多个特征数量下，VMD 与分形维数结合的特征提取方法显著提升了齿轮信号识别的准确率。

8.7　小结

本章在非线动力学特征的基础上，结合模态分解算法，提出了基于非线性动力学特征和模态分解的特征提取方法，并将其应用于机械和水声信号的特征提取中，主要的研究内容如下：

（1）提出了基于 EMD 和散布熵的特征提取方法，并将其应用于轴承故障诊断。实验结果表明，通过 EMD 获取的多模态信息，有助于全面表征轴承信号的复杂度。同时，相较于仅基于散布熵的特征提取方法，本章提出的基于 EMD 与散布熵的特征提取方法在分类性能上展现出了显著优势，可以有效改善分类效果。

（2）提出了基于 SVMD 和新型多尺度斜率熵的特征提取方法，并将其应用于舰船辐射噪声特征提取。实验结果表明所提出的方法能够精确有效地提取舰船信号中的特征信息，且具有较高的分类识别效果。同时，相较于基于原信号多尺度熵的特征提取方法，所提出的基于 SVMD 和蛇优化变步长多尺度斜率熵的特征提取方法在特征提取效果上表现更为优越。

（3）提出了基于 LZC 和 EEMD 的特征提取方法，并将其应用于海洋环境噪声特征提取。实验结果表明，通过结合 EEMD 获取了多个具有协同互补作用的模态特征，基于 EEMD 和 LZC 的特征提取方法的特征提取效果优于基于 LZC 的特征提取方法，有效提高了分类识别率。

（4）提出了基于分形维数和 VMD 的特征提取方法，并将其应用于齿轮故障诊断。结果表明，相比于其他特征提取方法，基于优化散布 Higuchi 和 VMD 的特征提取方法对信号的区分能力更强，且聚类性更好。此外，在多个特征数量下，相比于基于分形维数的特征提取方法，所提出的方法识别率更高，有效提升了分形维数对齿轮信号分类能力。

参考文献

[1] 劳奇奇,余熙玥.从混沌摆到混沌理论的探索研究[J].科技与创新,2017(6):4-5.

[2] 李明达,董乔南,杨亚利,等.利用非线性动力学系统研究混沌现象[J].物理与工程,2019,29(6):77-84,88.

[3] COSTA M, GOLDBERGER A L, PENG C K. Multiscale entropy analysis of biological signals [J]. Physical review, E. Statistical, nonlinear, and soft matter physics, 2005, 71 (2 Pt.1): 1906-1-1906-18-0.

[4] CUI L, LI B, MA J, et al. Quantitative trend fault diagnosis of a rolling bearing based on Sparsogram and Lempel-Ziv [J]. Measurement, 2018, 128: 410-418.

[5] WOLF A, SWIFT J B, SWINNEY H L, et al. Determining Lyapunov exponents from a time series [J]. Physica D Nonlinear Phenomena, 1985, 16 (3): 285-317.

[6] ZHENG Z, JIANG W, WANG Z, et al. Gear fault diagnosis method based on local mean decomposition and generalized morphological fractal dimensions [J]. Mechanism and Machine Theory, 2015, 91: 151-167.

[7] WEI J, DONG G, CHEN Z. Lyapunov-based thermal fault diagnosis of cylindrical lithium-ion batteries [J]. IEEE Transactions on Industrial Electronics, 2020, 67 (6): 4670-4679.

[8] 胡伟鹏,邹孝,刘备,等.基于多迭代变分模态分解与复合多尺度散布熵的生物组织变性识别方法[J].传感技术学报,2019,32(12):1856-1863.

[9] 朱永生,袁幸,张优云,等.滚动轴承复合故障振动建模及Lempel-Ziv复杂度评价[J].振动与冲击,2013,32(16):23-29.

[10] LI Y, ZHANG S, LIANG L. Variable-step multi-scale fractal dimension and its application to ship radiated noise [J]. Ocean Engineering, 2023, 286 (1): 115573.

[11] 苏舟,石娟娟,于亦浩,等.基于变步长多尺度Lempel-Ziv复杂度融合指标的旋转设备损伤评估[J].仪器仪表学报,2022,43(3):77-86.

[12] 刘备,蔡剑华,杨江河,等.基于改进精细复合多尺度归一化散布熵的生物组织变性识别[J].传感技术学报,2023,36(11):1761-1767.

[13] SHANNON C E. A mathematical theory of communication [J]. Bell system tech J, 1948, 27 (4): 379-423.

[14] 胥永刚,李凌均,何正嘉.近似熵及其在机械设备故障诊断中的应用[J].信息与控制,2002,31(6):547-551.

[15] 陈焱,郑近德,潘海洋,等.复合多尺度反向散布熵在轴承故障诊断中的应用[J].振动与冲击,2022,41(19):55-63.

[16] 陈哲,李亚安.基于多尺度排列熵的舰船辐射噪声复杂度特征提取研究[J].振动与冲击,2019,38(12):225-230.

[17] PINCUS S M. Approximate entropy as a measure of system complexity [J]. Proceedings of the

National Academy of Sciences, 1991, 88 (6): 297-301.

[18] RICHMAN J S, MOORMAN J R. Physiological time-series analysis using approximate entropy and sample entropy [J]. Am J Physiol Heart Circ Physiol, 2000, 278 (6): 2039-2049.

[19] CHEN W, WANG Z, XIE H, et al. Characterization of surface EMG signal based on fuzzy entropy [J]. IEEE Transactions on Neural Systems and Rehabilitation Engineering, 2007, 15 (2): 266-272.

[20] BANDT C, POMPE B. Permutation entropy: a natural complexity measure for time series [J]. Physical Review Letters, 2002, 88 (17): 174102.

[21] ROSTAGHI M, AZAMI H. Dispersion Entropy: a measure for time-series analysis [J]. IEEE Signal Processing Letters, 2016, 23: 610-614.

[22] AZAMI H, ESCUDERO J. Amplitude- and fluctuation-based dispersion entropy [J]. Entropy, 2018, 20: 210.

[23] ROSTAGHI M, KHATIBI M, ASHORY M, et al. Fuzzy dispersion entropy: a nonlinear measure for signal analysis [J]. IEEE Transactions on Fuzzy Systems, 2022, 30 (9): 3785-3796.

[24] AZAMI H, SANEI S, RAJJI T K. Ensemble entropy: a low bias approach for data analysis [J]. Knowledge-Based Systems, 2022, 256: 109876.

[25] LI Y, GENG B, TANG B. Simplified coded dispersion entropy: a nonlinear metric for signal analysis [J]. Nonlinear Dynamics, 2023, 111: 9327-9344.

[26] CUESTA-FRAU D. Slope Entropy: a new time series complexity estimator based on both symbolic patterns and amplitude information [J]. Entropy, 2019, 21 (12): 1167.

[27] LI Y, MU L, GAO P. Particle swarm optimization fractional slope entropy: a new time series complexity indicator for bearing fault diagnosis [J]. Fractal and Fractional, 2022, 6 (7): 345.

[28] LI Y, TANG B, HUANG B, et al. A dual-optimization fault diagnosis method for rolling bearings based on hierarchical slope entropy and SVM synergized with shark optimization algorithm [J]. Sensors, 2023, 23 (12): 5630.

[29] KOUKA M, CUESTA-FRAU D. Slope entropy characterisation: the role of the δ parameter [J]. Entropy, 2022, 24 (10): 1456.

[30] LI Y, TANG B, JIAO S. SO-slope entropy coupled with SVMD: a novel adaptive feature extraction method for ship-radiated noise [J]. Ocean Engineering, 2023, 280: 114677.

[31] HUMEAU-HEURTIER A. Multiscale entropy approaches and their applications [J]. Entropy, 2020, 22 (6): 644.

[32] WU S, WU C, LIN S, et al. Time series analysis using composite multiscale entropy [J]. Entropy, 2013, 15 (3): 1069-1084.

[33] WU S, WU C, LIN S, et al. Analysis of complex time series using refined composite multiscale entropy [J]. Physics Letters A, 2014, 378 (20): 1369-1374.

[34] LI, Y, TANG B, JIAO S, et al. Snake optimization-based variable-step multiscale single threshold slope entropy for complexity analysis of signals [J]. IEEE Transactions on Instrumentation and Measurement, 2023, 72: 6505313.

[35] LI Y, JIAO S, DENG S, et al. Refined composite variable-step multiscale multimapping dispersion entropy: a nonlinear dynamical index [J]. Nonlinear Dynamic, 2024, 112: 2119-2137.

[36] LEMPEL A, ZIV J. On the complexity of finite sequences, Inform [J]. Theory IEEE Trans, 1976, 22: 75-81.

[37] ZHANG Y, HAO J, ZHOU C, et al. Normalized Lempel-Ziv complexity and its application in bio-sequence analysis [J]. Journal of Mathematical Chemistry, 2009, 46 (4): 1203-1212.

[38] LI Y, TAN L, XIAO M, et al. Hierarchical dispersion Lempel-Ziv complexity for fault diagnosis of rolling bearing [J]. Measurement Science and Technology, 2023, 34 (3): 035015.

[39] LI Y, LIU F, WANG S, et al. Multiscale symbolic Lempel-Ziv: an effective feature extraction approach for fault diagnosis of railway vehicle systems [J]. IEEE Trans Ind Inf, 2021, 17 (1): 199-208.

[40] XIE F, YANG R, ZHANG B. Analysis of weight Lempel-Ziv complexity in piecewise smooth systems of DC-DC switching converters [J]. Acta PhysicaSinica, 2012, 61: 110504.

[41] BAI Y, LIANG Z, LI X, et al. Permutation Lempel-Ziv complexity measure of electroencephalogram in GABAergic an aesthetics [J]. Physiological Measurement, 2015, 36: 2483-2501.

[42] MAO X, SHANG P, XU M, et al. Measuring time series based on multiscale dispersion Lempel-Ziv complexity and dispersion entropy plane [J]. Chaos, Solitons and Fractals: Applications in Science and Engineering: An Interdisciplinary Journal of Nonlinear Science, 2020, 137: 109868.

[43] LI Y, JIAO S, GENG B. Refined composite multiscale fluctuation-based dispersion Lempel-Ziv complexity for signal analysis [J]. ISA Transactions, 2023, 133: 273-284.

[44] LI Y, GENG B, JIAO S. Dispersion entropy-based Lempel-Ziv complexity: a new metric for signal analysis [J]. Chaos, Solitons and Fractals: Applications in Science and Engineering: An Interdisciplinary Journal of Nonlinear Science, 2022, 161: 112400.

[45] HAN B, WANG S, ZHU Q, et al. Intelligent fault diagnosis of rotating machinery using hierarchical Lempel-Ziv complexity [J]. Applied Sciences, 2020, 10 (65): 4221.

[46] BOROWSKA M. Multiscale permutation Lempel-Ziv complexity measure for biomedical signal analysis: interpretation and application to focal EEG signals [J]. Entropy, 2021, 23 (7): 832.

[47] LI Y, WANG S, DENG Z. Intelligent fault identification of rotary machinery using refined composite multi-scale Lempel-Ziv complexity [J]. Journal of Manufacturing Systems, 2021, 61: 725-735.

[48] SU Z, SHI J, LUO Y, et al. Fault severity assessment for rotating machinery via improved Lem-

pel-Ziv complexity based on variable-step multiscale analysis and equiprobable space partitioning [J]. Measurement Science & Technology, 2022, 33 (5): 055018.

[49] WANG S, LI Y, KHANDAKER N, et al. Multivariate multiscale dispersion Lempel-Ziv complexity for fault diagnosis of machinery with multiple channels [J]. Information Fusion, 2024, 104: 102152.

[50] MANDELBROT B B. How long is the coast of Britain? Statistical self-similarity and fractal dimension [J]. Science, 1967, 156 (3775): 636-638.

[51] HIGUCHI T. Approach to an irregular time series on the basis of the fractal theory [J]. Physica D: Nonlinear Phenomena, 1988, 31 (2): 277-283.

[52] 刘传宇, 郑世辉, 孙文浩, 等. 基于盒维数和参数筛选的风力机轴承故障诊断方法研究 [J]. 重型机械, 2023 (2): 33-37.

[53] 叶柯华, 李春, 胡璇. 基于经验小波变换和关联维数的风力机齿轮箱故障诊断 [J]. 动力工程学报, 2021, 41 (2): 113-120.

[54] 余忠舜, 陈勇飞. 基于 Higuchi 分析的武术运动员姿势平衡性评估方法 [J]. 湘潭大学自然科学学报, 2018, 40 (2): 93-95, 121.

[55] 白润波, 徐宗美, 张建刚. 基于双树复小波降噪和 Katz 分形维迹线融合的板类结构损伤检测 [J]. 振动与冲击, 2017, 36 (5): 87-94, 107.

[56] CHEN X, PENG L, CHENG G, et. al. Research on degradation state recognition of planetary gear based on multiscale information dimension of SSD and CNN [J]. Complexity, 2019 (1): 8716979.

[57] YILMAZ A, UNAL G. Multiscale Higuchi's fractal dimension method [J]. Nonlinear Dynamics, 2020, 101 (2): 1441-1455.

[58] LI Y, LIANG L, ZHANG S. Hierarchical Refined composite multi-scale fractal dimension and its application in feature extraction of ship-radiated noise [J]. Remote Sensing, 2023, 15 (13): 3406.

[59] 包从望, 车守全, 刘永志, 等. 基于最大均值差异的卷积神经网络故障诊断模型 [J]. 机电工程, 2024, 41 (3): 445-454.

[60] ASHOK P, LATHA B. Absorption of echo signal for underwater acoustic signal target system using hybrid of ensemble empirical mode with machine learning techniques [J]. Multimedia Tools and Applications, 2023, 82 (30): 47291-47311.

[61] DUAN Y, SHEN X, WANG H. Time-domain anti-interference method for ship radiated noise signa [J]. Signal Process, 2022, 2022: 65.

[62] 张莉莎, 杨瑞雪, 王磊, 等. 基于心脏磁共振特征追踪成像的舒张期峰值应变率在射血分数保留的肥厚型心肌病中的应用价值及其与心脏肌钙蛋白T的关系 [J]. 磁共振成像, 2022, 13 (12): 45-50.

[63] TUCKER S, BROWN G J. Classification of transient sonar sounds using perceptually motivated features [J]. IEEE Journal of Oceanic Engineering: A Journal Devoted to the Application of

Electrical and Electronics Engineering to the Oceanic Environment, 2005, 30 (3): 120-132.

[64] ZHANG T, CHEN J, HE S, et al. Prior knowledge-augmented self-supervised feature learning for few-shot intelligent fault diagnosis of machines [J]. IEEE Transactions on Industrial Electronics, 2022, 69 (10): 10573-10584

[65] 何正嘉, 陈进, 王太勇, 等. 机械故障诊断理论及应用 [M]. 北京: 高等教育出版社, 2010: 31-41.

[66] 高爽. 齿轮故障特征参数提取及最佳特征参数选择研究 [D]. 沈阳: 沈阳航空航天大学, 2017.

[67] 吴国清, 李靖, 陈耀明, 等. 舰船噪声识别（Ⅰ）: 总体框架、线谱分析和提取 [J]. 声学学报, 1998, 23 (5): 394-400.

[68] 宋爱国, 陆佶人. 信号功率谱特征提取的进化规划方法 [J]. 电路与系统学报, 1998, 3 (3): 92-97.

[69] 曾庆军, 王菲, 黄国建. 基于连续谱特征提取的被动声纳目标识别技术 [J]. 上海交通大学学报, 2002, 36 (3): 382-386.

[70] 史广智, 胡均川, 程玉胜. 基于多分辨率分析的舰船辐射噪声频域特征提取 [J]. 青岛大学学报（自然科学版）, 2003, 16 (4): 44-48.

[71] ANTONI J. The spectral kurtosis: a useful tool for characterising non-stationary signals [J]. Mechanical Systems and Signal Processing, 2006, 20 (2): 282-307.

[72] ANTONI J, RANDALL R B. The spectral kurtosis: application to the vibratory surveillance and diagnostics of rotating machines [J]. Mechanical Systems and Signal Processing, 2006, 20 (2): 308-331.

[73] 熊紫英, 朱锡清. 基于 LOFAR 谱和 DEMON 谱特征的舰船辐射噪声研究 [J]. 船舶力学, 2007, 11 (2): 300-306.

[74] SAWALHI N, RANDALL R. Vibration response of spalled rolling element bearings: Observations, simulations and signal processing techniques to track the spall size [J]. Mechanical Systems & Signal Processing, 2011, 25 (3): 846-870.

[75] 白敬贤, 高天德, 夏润鹏. 基于 DEMON 谱信息提取算法的目标识别方法研究 [J]. 声学技术, 2017, 36 (1): 88-92.

[76] 孙伟, 李新民, 金小强, 等. 基于 MCKD 和增强倒频谱的直升机自动倾斜器滚动轴承故障诊断方法 [J]. 振动与冲击, 2019, 38 (2): 159-163.

[77] HE X, CHENG J, HE G, et al. Application of BP neural network and higher order spectrum for ship-radiated noise classification [C] // 2010 2nd International Conference on Future Computer and Communication, 21-24 May, 2010, Wuhan. New York: IEEE, 2010, V1: 712-716.

[78] 曾治丽, 李亚安, 刘雄厚. 基于高阶谱和倒谱的舰船噪声特征提取研究 [J]. 计算机仿真, 2011, 28 (11): 5-9.

[79] 鱼海涛, 王英民. 高分类率水下目标特征量提取方法研究 [J]. 计算机工程与应用,

2011, 47 (22): 114-116, 167.

[80] 周越, 杨杰, 胡英. 基于高阶累积量的水声噪声检测与识别 [J]. 兵工学报, 2002, 23 (1): 72-78.

[81] BERRAIH S A, DEBBAL S M E A, YETTOU N E B. Severity cardiac analysis using the higher-order spectra [J]. Applied Mathematics and Computation, 2021, 409: 126389.

[82] 赵蓉, 史红梅. 基于高阶谱特征提取的高速列车车轮擦伤识别算法研究 [J]. 机械工程学报, 2017, 53 (6): 102-109.

[83] GABOR D. Theory of communication, part 1: the analysis of information [J]. Journal of the Institution of Electrical Engineers-Part III: Radio and Communication Engineering, 1946, 93 (26): 429-441.

[84] 张明之, 林良骥. 基于小波变换的舰船噪声信号时频域特征提取 [J]. 声学技术, 1999, 18 (A11): 139-140.

[85] HUANG N E, SHEN Z, LONG S R, et al. The empirical mode decomposition and the Hilbert spectrum for nonlinear and non-stationary time series analysis [J]. Proceedings of the Royal Society A: Mathematical, Physical and Engineering Sciences, 1998, 454 (1971): 903-995.

[86] WU Z, HUANG N E. A study of the characteristics of white noise using the empirical mode decomposition method [J]. Proceedings of the Royal Society A: Mathematical, Physical and Engineering Sciences, 2004, 460 (2046): 1597-1611.

[87] 章新华, 王骥程, 林良骥. 基于小波变换的舰船辐射噪声信号特征提取 [J]. 声学学报, 1997, 22 (2): 139-144.

[88] 王锋, 尹力, 朱明洪. 基于 Hilbert-Huang 变换的水声信号特征提取及分类技术 [J]. 应用声学, 2007, 4: 223-230.

[89] 高英杰, 孔祥东, ZHANG Q. 基于小波包分析的液压泵状态监测方法 [J]. 机械工程学报, 2009, 45 (8): 80-88.

[90] BELAID K, MILOUDI A, BOURNINE H. The processing of resonances excited by gear faults using continuous wavelet transform with adaptive complex Morlet wavelet and sparsity measurement [J]. Measurement, 2021, 180 (5): 109576.

[91] 李江乔. CEEMD 与蚁群算法在舰船目标识别中的应用研究 [D]. 哈尔滨: 哈尔滨工程大学, 2015.

[92] 李余兴, 李亚安, 陈晓. 基于 EEMD 的舰船辐射噪声特征提取方法研究 [J]. 振动与冲击, 2017, 36 (5): 114-119.

[93] WANG J, DU G, ZHU Z, et al. Fault diagnosis of rotating machines based on the EMD manifold [J]. Mechanical Systems and Signal Processing, 2020, 135: 106443-106463.

[94] 孟明, 闫冉, 高云园, 等. 基于多元变分模态分解的脑电多域特征提取方法 [J]. 传感技术学报, 2020, 33 (6): 853-860.

[95] 付君宇, 陈越超, 权恒恒. 水声信号熵特征提取与分类研究 [J]. 声学与电子工程, 2018 (1): 34-37.

[96] JI G, WANG Y, WANG F. Comparative study on feature extraction of marine background noise based on nonlinear dynamic features [J]. Entropy, 2023, 25 (6): 845.

[97] YANG Y, ZHOU M, YAN N, et al. Epileptic seizure prediction based on permutation entropy [J]. Frontiers in Computational Neuroscience, 2018, 12: 55.

[98] 陈东伟. 非线性动力学、因果脑网络与聚类稳定性在脑电信号分析中的应用研究 [D]. 太原：太原理工大学，2015.

[99] GUO Y, NAIK G R, HUANG S, et al. Nonlinear multiscale maximal Lyapunov exponent for accurate myoelectric signal classification [J]. Applied Soft Computing, 2015, 36 (C): 633-640.

[100] WANG X, SI S, LI Y. Multiscale diversity entropy: a novel dynamical measure for fault diagnosis of rotating machinery [J]. IEEE Transactions on Industrial Informatics, 2021, 17 (8): 5419-5429.

[101] 吴鹏飞，赵新龙. 基于模糊熵和分形维数的滚动轴承早期故障检测 [J]. 风机技术，2019, 61 (S1): 71-79.

[102] LI G, LIU F, YANG H. Research on feature extraction method of ship radiated noise with K-nearest neighbor mutual information variational mode decomposition, neural network estimation time entropy and self-organizing map neural network [J]. Measurement, 2022, 199: 111446.

[103] YANG H, LI L, LI G. A novel feature extraction method for ship-radiated noise [J]. Defence Technology, 2022, 18 (4): 604-617.

[104] GAO S, WANG Q, ZHANG Y. Rolling bearing fault diagnosis based on CEEMDAN and refined composite multiscale fuzzy entropy [J]. IEEE Transactions on Instrumentation and Measurement, 2021, 70: 3514908.

[105] 董玉兰. 基于变分模态分解和广义分形维数的滚动轴承故障诊断 [D]. 秦皇岛：燕山大学，2017.

[106] 窦东阳，赵英凯. 基于 EMD 和 Lempel-Ziv 指标的滚动轴承损伤程度识别研究 [J]. 振动与冲击，2010, 29 (3): 5-8.

[107] 李营，吕兆承. 基于 EEMD 和 LS-SVM 的癫痫脑电信号识别 [J]. 淮南师范学院学报，2014, 16 (3): 8-11.

[108] 夏德玲，孟庆芳，牛贺功，等. 基于 Lempel-Ziv 复杂度和经验模态分解的癫痫脑电信号的检测方法 [J]. 计算物理，2015, 32 (6): 709-714.

[109] LI Y, GAO X, WANG L. Reverse dispersion entropy: a new complexity measure for sensor signal [J]. Sensors, 2019, 19 (23): 5203.

[110] JIAO S, GENG B, LI Y, et al. Fluctuation-based reverse dispersion entropy and its applications to signal classification [J]. Applied Acoustics, 2021, 175: 107857.

[111] LI Y, TANG B, GENG B, et al. Fractional order fuzzy dispersion entropy and its application in bearing fault diagnosis [J]. Fractal and Fractional, 2022, 6 (10): 6100544.

[112] WU Z, HUANG N E. Ensemble empirical mode decomposition: a noise-assisted data analysis method [J]. Advances in Adaptive Data Analysis, 2009, 1 (1): 1-41.

[113] YEH J, SHIEH J, HUANG N E. Complementary ensemble empirical mode decomposition: a novel noise enhanced data analysis method [J]. Advances in Adaptive Data Analysis, 2010, 2 (2): 135-156.

[114] KONSTANTIN D, DOMINIQUE Z. Variational mode decomposition [J]. IEEE Transactions on Signal Processing, 2014, 62 (3): 531-544.

[115] NAZARI M, SAKHAEI S M. Successive variational mode decomposition [J]. Signal Processing: The Official Publication of the European Association for Signal Processing (EURASIP), 2020, 174: 107610.